KNEADING DOUGH

揉面团

钟莉婷 著

SAMMI 教你搞懂 5 种基础面团，制作面包、蛋糕、
塔、泡芙、饼干前一定要先学会！

光明日报出版社

Chapter 3 塔皮面团（Sweet & Short Pastry）

Chapter 4 泡芙面糊（Choux Pastry）

Chapter 5 饼干面团（Biscuit）

玩面粉、懂面粉以后，创造出自己的配方！

"一位埃及奴隶在厨房做饼时睡着了，结果发明了面包。"因为这个奴隶的无意，让本来要做成饼的生面团在灭了火的炉子里待了一夜。由于有热度，面团里的水分和甜味剂与散布在空气中的酵母菌结合，使得体积比原来的生面团大了1倍以上。这个奴隶不但没丢了这个面团，还将它放进炉里烤，烤出来意外得好吃，又松又软，口感极好，被主人大大称赞，这个奴隶反而因祸得福。

用一个故事当做自序的开头，并不是我改不了叙说烹饪历史的习惯，而是想和大家分享一个观念——每种烘焙品的发明，常常是从意外或错误当中获得的。我曾在第一本书中开宗明义地说道，希望大家不是为了学烘焙而做烘焙，而是在玩烘焙中了解烘焙！如果因为意外发明了一个新的食物，而且流传很久，那我们为什么不能在玩面粉、懂面粉以后，创造出自己的配方呢？

这本书在我撰写的三本中，花费的时间和精力最多，并不是前两本没有好好写，而是这本书的意图，是要将一些专业知识转化成易懂好做的公式，希望大家了解这个公式后，能够活用这些概念进行烘焙。所以，我在撰写及选择配方的时候绞尽脑汁，经过不断地修改简化，历经重重困难得以完成。在大家使用本书前，我要事先说明，我提供的并不是"标准公式"，每个食谱只是一个"参考公式"，希望大家运用本书的公式和配方后，第二次制作时就可以在书页的空白处写下自己的"独一无二的配方"，并且试试看改良后的配方能否成功！

在我的第一本书《Sammi 的完美烘焙配方》中，重点在分享各种烘焙"配方"；第二本《甜蜜果食》阐述的是台湾不同季节水果的运用；而这本《揉面团》是想通过简单的"公式"说明面粉及它的"好朋友们"的特性，并运用原理用不同的操作手法和程序完成基础面团和面糊的制作。

我知道你可能只看到配方就开始动手做，不过请先等一下，我已在每一大类的烘焙品开头写下了基本公式、每种材料及不同做法对面团或面糊的影响，所以在动手玩面粉之前，请大家先耐心地将每一篇面粉运用的内容看清楚，这会帮助你更顺利地操作。

在这里，我给你一个使用本书的前、中、后的公式：

$$操作前公式 = \frac{详读每篇前的面团 / 面糊形成原理及材料说明 + 简易的公式及比例}{勇于尝试的好心情 + 清晰的思路}$$

$$= 成功$$

$$操作中公式 = \frac{选定配方 + 准备好设备 / 模具 / 材料 + 安排好时间及工作流程}{勇于尝试的好心情 + 清晰的思路}$$

$$= 成功$$

$$操作后公式 = \frac{品尝成品 + 回想操作原理及操作过程 + 写下自己更爱的公式和配方}{无穷的创意 + 不偏离基础的做法}$$

$$= 独一无二的个人配方$$

我们在同样的地方（台湾乌树林花园餐厅）和原班人马［辛苦的编辑 + 有才的摄影师 + 王牌助理 Phillip Wu + 合作伙伴（乌树林的伙伴们）］，连续三年以不同的主题企划，制作了三本有趣又具实用性的烘焙烹调食谱书！谢谢参与这次拍摄及编辑的所有人员及朋友们的努力和配合。也感谢在此次拍摄中提供原料和餐具的"联华实业股份有限公司"、"元宝实业股份有限公司"、"圻霖有限公司"、"巢家居"的大力支持。这本书献给喜爱烘焙的你，希望能够让你对烘焙领域有更多的了解！

Play With Flour
了解面粉

任何其他种类的粉类和水调和在一起，大多会得到安定的面糊或面团；但是，面粉和水的混合却让面粉有了生命力，可成为轻柔、有弹性的面包，可变成薄片般的酥皮，也可以和其他原料结合成为不同的蛋糕或糕饼。

面团和面糊的不同

面糊呈流体状，这种扩散性的面筋，让面糊不像其他面团可以留住空气。但面团类如果没有加入酵母菌或其他发酵材料，也保留不住空气而变成结实的成品。

大家做烘焙的时候，通常会着眼在配方上，在这本书里要颠覆这个观念，配方往往是可以自己创造的，只要你了解材料的混合程序和特性，在大概的比例下就可以做出成品，甚至能创造出独一无二的个人配方。

烘焙材料混合的顺序及混合方式，是决定成品的关键。如蛋糕的标准材料是蛋、糖、黄油和面粉，因为比例和操作顺序的不同，会形成截然不同的成品。举例说明如下：

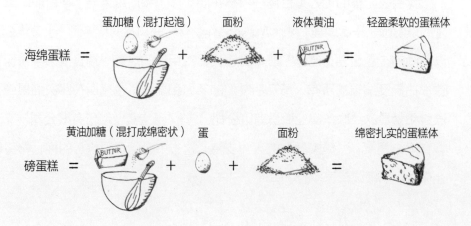

我们可以用相同比例的材料，但是变化操作顺序和做法，就会得到两种不同风味和口感的蛋糕体，这就是操作方式的重要性。

蛋糕体的例子，让我们清楚地了解操作及顺序上的不同。海绵蛋糕可以通过调整黄油的比例变成较轻或较重的海绵质感的蛋糕。磅蛋糕也不一定要遵循1∶1∶1的原则，黄油可减量，让磅蛋糕变得较轻盈；或者改变搅打的方式，不加入全蛋，而是先将蛋白取出打发，再加入面糊中，成为比一般配方更轻盈的蛋糕体。

各国面粉的种类与个性

面粉主要由淀粉、蛋白质及少许矿物质等成分组成，而影响面粉操作的最大因素是小麦的蛋白质。因为小麦蛋白质中的麸质遇到水后，在揉捏下会产生黏弹性，蛋白质品质的优劣决定了面团的操作性。

面粉中的蛋白质以水洗方式分离出来，叫做"面筋"，面筋的"筋度"指的就是面粉中所含面筋的量。台湾面粉是以蛋白质的质量来分类，大致可以分成高筋面粉、中筋面粉与低筋面粉。高筋面粉有时还会分成特高筋面粉、高筋面粉和蛋白质略低的法国面包粉。

通常面粉袋上会标注面粉精制的程度和等级，以及面粉、灰分（矿物质）和蛋白质的比例。粉类的精制度越高，等级就越高。而灰分成分越多，等级就越低。但并不是等级越高的面粉就越好，因为每种烘焙品的需求不同。

目前在市面上购买得到的面粉，除了台湾面粉之外，还有因为台湾面包获得世界冠军时使用而渐渐被关注的法国面粉，也有日本职人在台湾开店而逐渐被认可的日本面粉，所以下面和大家大致说明一下较为常见的各种面粉。

台湾面粉

· 低筋面粉（Baking Flour, Cake Flour）

蛋白质含量最低，为 6.5%~8.0%。使用低筋面粉制作的甜点，由于自身的黏性比其他面粉弱，不会防碍面糊的膨胀，可以支撑膨胀起来的蛋糕体。但如果用低筋面粉做面包，由于形成的麸质较少，黏性和弹力就会较弱，面团所产生的二氧化碳会向外溢出，面团就无法膨胀了。

适合使用低筋面粉的烘焙品是蛋糕和饼干类。

· 中筋面粉／粉心面粉（All-Purpose Flour）

蛋白质含量为 8.0%~9.0%，有时为了调和筋性或口感，可以用中筋面粉代替部分低筋或高筋面粉。中筋面粉最常用于中式包子和面类。

中筋面粉可用高筋面粉和低筋面粉各半量混合，也可用 82% 高筋面粉加18% 玉米粉混合。

· 高筋面粉（Bread Flour）

蛋白质含量最高，为 11.5%~12.5%，筋度较高。因为蛋白质的含量越多，所产生的筋性就越高，黏性也越好，烘烤后会变得比较硬。而且，面糊膨胀的力量会被过强的麸质抑制住，导致面糊无法膨胀而体积很小。

适合使用高筋面粉的是面包和发酵甜点。

· 特高筋面粉（High Gluten Flour）

含有 14% 以上的蛋白质，是所有面粉中含量最高的，因此不论筋度及黏度都比一般的面粉更强。

最适合用来制作油条等嚼劲十足的面食、点心。

· **自发粉**（Self-Rising Flour）

自发粉是在面粉中加入一定比例的膨胀剂所调和出来的面粉，所以使用时不需要再加入发粉。一般来说，每 100g~120g 面粉加入 1 茶匙发粉就成为自发粉了。

· **全麦面粉**（Whole Wheat Flour）

含有大量的蛋白质，筋性接近中筋面粉，成分大多来自胚芽和糊粉层。胚芽和麦麸颗粒会干扰面筋的产生，因此用全麦面粉做的面包，风味很香纯，口感也很扎实。

日本面粉

日本是一个重视细节的国家，他们对于各种食材的要求近乎偏执。以面粉为例，台湾依蛋白质含量大约分成高、中、低三种；法国面粉依灰分成分来分，大约分为 T45、T55、T65 三种；意大利面粉依颗粒大小，分成 0、00、01 三种；但是日本面粉的分类，依颗粒大小、混合成分、制造技术等，分成了 600 多种，而且还很清楚地划分各种用途，其他国家很难望其项背。

日本面粉用加热的方式切断小麦的蛋白质，使面粉的筋性降低，而台湾一般是以添加小麦淀粉来降低蛋白质的筋性。使用台湾面粉做出来的成品，在常温下会迅速干燥，而日本面粉由于不添加小麦淀粉，所以相对地老化慢、耐冻性好、质地细腻、口感轻盈、保湿性好、化口性佳。

日本面粉制粉是采用配麦配粉的方式调制，所以品质稳定、操作性佳、粉质颗粒较细、吸水性均匀，所以做出的面团具有自然的延展性和弹性。

 台湾面粉与日本面粉的比较

在台湾可以找到的日本面粉种类，分为以下几种，可以对照台湾面粉参考使用：

台湾	日本	用途
低筋面粉	薄力粉	蛋糕、饼干
中筋面粉	中力粉	干面、蛋糕
高筋面粉	准强力粉	面包、面条
特高筋面粉	强力粉	面包

法国面粉

法国面粉做的面团延展性最好，筋性很高，在烘焙时的操作性最佳，糅合地更均匀，烘烤出来的成品更有谷物的自然香气。法国面粉的分类是按照灰分（即矿物质含量）而非蛋白质含量来分类。灰分是麸皮中所含的矿物质成分，依照灰分的含量标明数字，再按数字大小来区分面粉的六种形态，数字越小面粉越白。

法国面粉灰分较高，粉粒也较粗。用法国面粉烤出来的面包风味比较有层次，面粉颜色偏黄，本身有一股淡淡的麦香味。因为面粉的特性是纯粹的麦香，大多用来做面包，较少用来做成甜点类。

台湾市面较多的法国面粉为 T55 和 T65。所谓 T55，就是指面粉矿物质含量 0.55%，接近中筋面粉，大多用来做法国面包或可颂，如果搭配天然酵母长时间发酵，外皮会有虎皮一般的小气泡，里面的组织却很柔软。而 T65，即指面粉矿物质含量 0.65%，比较接近台湾的高筋面粉，可以用来做法国长棍面包。

面粉的好搭档

蛋（Egg）

蛋糕可以膨胀松软的最大原因就是来自于打发的鸡蛋。越新鲜的鸡蛋，浓厚的蛋白越多，打发的气泡稳定度也越高。而没有打发的蛋，主要是增加香气和色泽，以及作为天然的乳化剂。将蛋液涂抹在烘焙品上，可以增加表面的亮度，而且蛋黄中的油乳也有柔软烘焙品的作用。

黄油

植物油

二砂糖

白砂糖

糖粉

黄油（Butter）

黄油除了增加香气以外，还可以改变烘焙品的质感。因为烘烤的温度、加入黄油的时间点和分量，会让甜点产生不同的口感。例如做派时，我们先将黄油和糖打发泛白状，让空气进入黄油中，烘烤时再将空气推送出来，让烘焙品膨胀起来；做饼干时，我们常吃到的酥脆口感，也是因为乳霜状的黄油像薄膜般分散在面团中，让麸质不容易形成，因此才有酥脆的口感。另外，面团中加入的油脂越多，可以防止成品流失水分，因而保存较久。

一般用于烘焙的黄油大多是无盐黄油，但近几年来也有人直接使用含盐的黄油，然后减少配方中盐的分量。有些人不喜欢黄油的浓郁感或有其他特殊要求时，会用植物性的油脂来代替。

糖（Sugar）

甜点少了糖，就像少了灵魂的躯体一样，食之无味。而且，糖的作用不仅是增加甜味，还能稳定打发的蛋（吸湿性：加了糖再打发，糖会吸附蛋的水分，让气泡不容易破坏）；为烘焙品增加色泽（加热时的梅纳反应）；提高烘焙品的湿润度（吸水性、保湿性：保持淀粉分子间的水分，让淀粉不易老化）；还可以当做防腐剂，防止果酱的腐坏（糖吸附了微生物繁殖需要的水分，所以微生物就无法繁殖）。

烘焙常用的糖是白砂糖，其次是糖粉。在制作黄油霜或水分较少的甜点时，就会用到糖粉。

盐（Salt）

一般盐分大约占面粉量的 1.5%。盐除了可以调整面包的风味，还可以防止面团松垮。它可以拉紧筋度，增加面包成品的体积，也可

盐

酵母

以加强弹性，有效抑制发酵作用，不会伤害面筋。做蛋糕时加入盐，可以让海绵体更洁白，并能增加组织的弹性。

酵母（Yeast）

酵母的标准比例是面粉重量的 0.5%~3.5%，也就是每 500g 面粉可以加入 2.5g~18g 的酵母。如果用干燥酵母，用量减半；如果是隔夜发酵的面团，发酵时间较久，那就只需要放面粉量 2.5% 的酵母。

· 湿酵母（Leavain）：

这是使用最普遍的酵母，在 10℃ 以下可以保存一周，无法冷冻保存，适合用于糖分多的面团或需要冷藏储存的面团。

· 干酵母（Dry yeast）：

这是将酵母进行低温干燥，做成干燥的酵母粉。干酵母的发酵作用为生酵母的两倍，因此很适合用于长时间发酵的面团。

水（Water）/ 其他液体（Liquid）

水和面粉调和后会变成糊状，因为面糊中的蛋白质吸收水分后会形成麸质，麸质会包覆在淀粉粒子的周围，形成立体的网状结构，经过加热，网状结构会膨胀形成蛋糕体。

水

牛奶

只有水和面粉就可以依比例调出面团和面糊。如果要调成面团，面粉量就要大于液体的量，这样面粉中的蛋白质和淀粉粒就可以和水分完全结合；相反，如果要调成面糊，液体的量就要超过面粉量，蛋白质和淀粉粒则会均匀地散布在水中。

水量太少时，淀粉糊化的水分不足，无法形成柔软的口感。增加水分，可以让淀粉吸收更多的水分，形成糊化状态，烤出柔软的口感。烘烤完成的蛋糕再增加水分可以制作出更加润泽的成品，如加入牛奶增加风味。

泡打粉（Baking Powder）和其他化学膨发剂（小苏打 Baking Soda）

泡打粉

小苏打粉

泡打粉是以小苏打为基础改良而成。在面团或面糊中加入小苏打或泡打粉后，会因为加热而膨胀，因为碳酸氢钠的成分会溶于面糊的水分中，产生二氧化碳。但是用小苏打作为膨胀剂的烘焙品会有苦味，为了减轻苦味，就产生了泡打粉。市售的泡打粉，大部分是用玉米粉调和的，这样可以中断泡打粉中酸性剂和碳酸氢钠相互接触产生的反应。

香草荚（Vanilla Pod）

香草荚

调和面糊最常用的自然香气就是香草。它也许不是面粉最好的朋友，但是如果想让面粉增加香气就非它莫属了。香草独特的香气和蛋、牛奶都很搭配，凡是添加了香草的烘焙品，在价格和质感上都提升不少。

香草荚是兰科植物的一种，样子像豌豆角一样，未成熟前是绿色的果实，经过本身特有的酵素发酵后，会产生沉稳香甜的气味——香兰素（Vanillin)，再经过干燥过程就会变成黑色细长的香草荚。有人将香草荚提练成香草精，代替新鲜的香草籽，当然香气是有差异的。使用新鲜的香草荚，先纵切，用刀子刮下荚内两侧的香草籽。香草荚也有香气，可以一起放在糖罐中，自制简单的香草糖。最著名的品种为波本香草荚，以马达加斯加岛和留尼旺岛为代表。

烘焙材料对面团（或面糊）的影响

面团（糊）材料	属性	作用	影响	加热时现象
面粉中的小麦谷蛋白	蛋白质	构成相连的面筋组织	让面团变得有弹性	糊化作用
面粉中的淀粉	碳水化合物	填补面筋组织的空隙	软化面团、烘焙时固定面团结构	吸水
水	液体	稀释面糊、促使面筋组织成形	让面团变柔软	糊化作用
酵母、膨胀剂	活菌	产生二氧化碳气体	让面团体积变大、变松软、增加风味	膨胀
膨胀剂	纯化学制剂	产生二氧化碳气体	让面团体积变大、变松软、改变颜色	膨胀
盐	矿物质	强化面筋组织	让面团变得有弹性	强化连结
糖	碳水化合物	弱化面筋组织、吸收水分、梅纳反应	让面团变得柔软、保持成品水分及烘烤时的水分、增加风味和着色	梅纳反应
蛋黄	脂肪、乳化剂	弱化面筋组织、乳化剂安定气泡和淀粉	面团会变柔软、延迟老化	乳化
蛋白	蛋白质	蛋白质凝块	补强面筋结构	凝固
黄油（乳浆）中的蛋白质、氨基酸、还原糖	脂肪、乳化剂、糖分	梅纳反应、弱化面筋组织	增加风味口感、面团变柔软	
液体黄油	油脂、乳化剂	乳化剂稳定气泡	延迟老化	稳定面糊
乳霜状黄油	油脂、乳化剂	防止淀粉附着、使麸质不易形成、乳霜性让空气进入	增加酥脆感、让烘焙品膨胀	

烤箱温度换算：摄氏温度℃＝（华氏温度℉－32）×5÷9　华氏温度℉＝（摄氏温度℃×9）÷5＋32

Baking Tools 本书使用器具

电子秤、量秤（Scales）

所有的材料，除了量杯、量匙的辅助，使用电子秤精准的测量是很重要的。购买时，选择间距刻度较小的电子秤，也可用于小克数的材料称量。

量杯、量匙（Measuring Cups And Spoons）

量器在烘焙时是很重要的工具，大多使用在小克数的材料称量上，像盐、胡椒、香料等。量匙多用于快速称量；而量杯会用于小剂量的液体量取。

放凉网架（Cooling Racks）

建议购买有支撑的网架，将刚烤好的烘焙品放置在上面时，冷空气可以在架下流通，将热气带走，冷却效果更好。

烤盘（Baking Tray）

依照家中所使用的烤箱选择烤盘的大小。市面上有铝制、不锈钢制的烤盘。铝制的易变形，但大小的选择较多；不锈钢制的较耐用，但价格相对较高。

硅胶烤垫（Silicone Baking Mat）

如果将烘焙品直接放置在烤盘上烤，容易粘黏在烤盘上不易清理，而且会造成烘焙品的破损。硅胶烤垫防滑又耐高温，所以将烘焙品放置在烤垫上，就避免了粘黏的问题。也有做成工作台大小的硅胶垫，可以直接在垫上进行揉面团、混合材料等操作。

烘焙纸（Baking Paper）

如果没有烤垫，可以裁剪烤盘大小的烘焙纸来代替。将裁剪成适当大小的烘焙纸铺在模具底部和四周，不仅方便蛋糕脱模，还不会粘黏到模具。烘焙纸也可当成盲烤塔皮时烘焙豆子和塔皮中间的介质，避免烘焙豆在烘烤过程中陷入柔软的塔皮里。

木匙（Wooden Spoon）

由于木质不导热，所以在火炉上加热时，使用木匙较好操作，不用担心被烫伤，而且搅拌面糊或面团时，木匙也是一个很好用的工具。

打蛋器／手持电动打蛋器（Wisk／Electric Hand Mixer）

钢线较多的打蛋器适用于鸡蛋的搅拌，可以搅打出较为细致的气泡；而钢线较少的适用于鲜奶油的搅拌。当然也可以混合使用，只是钢线越多，搅拌时受到的阻力也越大，就必须更用力地搅打。将手距较短、钢圈较小的打蛋器，用于搅打面糊，手距短，遇到比较扎实的面糊会较省力。本书使用较多的是手持电动打蛋器，虽然没有手感，但是可以在混合和打发时节省不少力气。

烘焙豆子（Baking Beads）

烘焙豆子大多适用于盲烤塔皮时，增加塔皮上的重量。但要记得在塔皮和豆子中间隔一层烘焙纸，以免稍有重量的豆子陷入未定形的软塔皮中。如果没有烘焙豆子，可以用米、红豆、绿豆等代替。

刮板（Dough Scrapers）

这是用来分割面团、搅拌糊状材料、整形、刮起桌面上的面团或面粉的辅助工具。有不锈钢和橡胶两种材质，后者的弹性较大。

长柄（橡胶／硅胶）刮刀（Rubber／Silicone Spatulas）

这种刮刀有食品级橡胶塑料或硅胶两种材质，除了硅胶可以同时使用在冷、热的处理上，其他功能都是相同的。长柄刮刀通常用于搅拌面糊和刮取钢盆里的混合物，较容易顺着容器的弧度清理干净。有很多不同刮头及手柄长度的刮刀可供选择，处理不同分量的材料。建议至少购买大小两支以上的刮刀，而且咸食和甜食使用时要分开。

烘焙用刷（Pastry Brushes）

刷子用于加亮烘焙品、刷蛋白或融化黄油。刷子有各种材质，尼龙和毛刷是最普遍的，但尼龙刷无法刷热的材料。烘焙时建议准备2~4把刷子，分别用于黄油（油脂）、蛋、果胶和其他，这样就不会因为交叉使用而影响味道。清洗的时候，不要使用任何清洁剂，因为容易残留在刷子上。清洗完的刷子先阴干再收纳起来。

过筛网（Sifters）

用于过滤粉料、去除粉料的结块。过筛后的粉料会变得较为轻盈、均匀。

挤花袋和挤花嘴（Piping Bags and Nozzles）

有各种不同尺寸和材质的挤花袋，按照每次要填入的量来选择大小。而挤花嘴除了装饰蛋糕用的各式花嘴外，大多分为平口和星形，根据要挤出来的面糊形状及大小来选择。每次清洗花袋后，应翻面晾干。

钢盆（Mixing Bowls）

建议使用底部较小，整体较像圆形的钢盆。因为底部越圆滑没有死角，搅打地就越均匀。材质以不锈钢和铜制的最好。

擀面棍（Rolling Pin）

厨房里使用的擀面棍最好准备大、小两种尺寸。大的用来处理较大的面团，因为大擀面棍可以轻易擀平面团，小的擀面棍可以用来处理较小的细节及小面积的面团。

不同大小的蛋糕／面包／塔皮模具及其他特殊蛋糕模具（Tins and Molds）

烘焙模具通常分为几种材质：铝合金、镀铝、不锈钢、硅胶等，是市面上最常见的材质。有些模具是可以脱底的，有些在底部有图样设计，也有些是上下封起来（吐司）烤的。不管什么模具，目的都是为面团或面糊塑形，因为除了面包面团外，其他的面糊或面团都无法在烘烤时或结构未完整时维持该有的形状，模具就是辅助塑形的最好工具。在使用模具时要注意的是，根据模具的材质及面团、面糊的性质，为方便脱模需要先刷油、撒粉或用烘焙纸打底。

本书材料分量单位换算表

较轻的调味料（肉桂粉／可可粉／胡椒／玉米淀粉）

1 tsp = 1 tea spoon（一小茶匙）= 2g

1 tbsp = 1 table spoon（一大匙）= 7.5g

盐／黑胡椒

1 pinch = 用两指去夹起的量

1 tsp = 1 tea spoon（一小茶匙）= 5g

1 tbsp = 1 table spoon（一大匙）= 15g

泡打粉

1 pinch = 用两指去夹起的量

1 tsp = 1 tea spoon（一小茶匙）= 4g

1 tbsp = 1 table spoon（一大匙）= 12g

液体（牛奶／水）

1 mL = 1cc = 1g

油脂

1 tsp = 1 tea spoon（一小茶匙）= 4g

1 tbsp = 1 table spoon（一大匙）= 12g

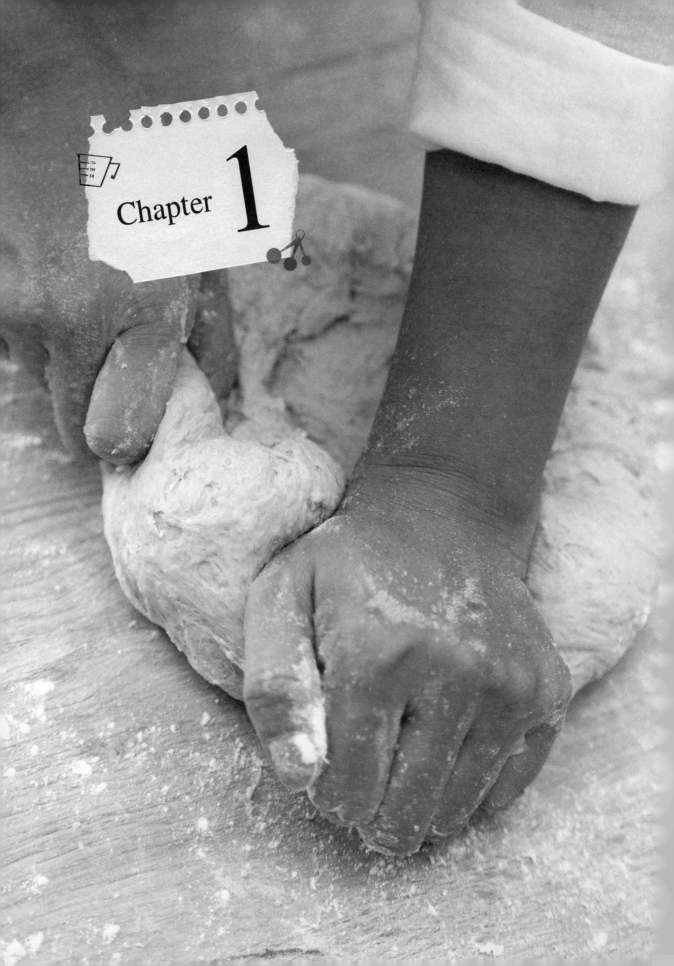

Chapter 1

Bread Dough
酵母面团

　　每个人都想自己做面包，但是在大家的印象里，做面包是一件繁琐又耗时间的事情。如果你了解做面包的材料比例后，就会觉得其实没有想得那么难！

　　最基础的面包面团比例为面粉：水 = 5：3，再加上少量的盐和酵母即可。

　　比例正确了，如果不追求花俏的造型，不用任何道具，也可以做出朴实又好吃的面包。只要时间安排恰当，就可以利用很多技巧去完成面包，例如免揉面团，即可省去糅合步骤；而冷发酵面团，可以省去一日等待的时间，而且成品不会比面包机或按照传统时间和技巧做出来的差！了解酵母对面团的作用以及其他材料对面团的口感影响之后，就可以自己烘烤出独一无二的面包了。

　　面包，大致可分为低糖、低油脂成分的"瘦面团"（Lean Bread Dough）和添加油脂、糖配方的"胖面团"（Rich Bread Dough）。面包的基本材料就是面粉、水、盐、酵母四种，仅这四种材料组合的瘦面团就可以烘焙出具有纯正麦香味的无油面包；而加了油脂和糖的胖面团，则可以烘焙出具有香甜、柔软及膨松特征的面包。

🥄 主角材料：酵母

🥣 使用面粉：高筋面粉、中筋面粉

🍒 酵母面团基本材料和比例

面粉　　　　水　　　　酵母菌　　　盐

: 100 : 60 : 3 : 2

瘦面团基本材料和制作过程

面粉　　＋　水　＆　酵母菌　＋　盐 or 糖　＝　瘦面团

胖面团基本材料和制作过程

瘦面团　＋　黄油　＋　糖　＝　胖面团

─ 配方比例的调整

如果做轻一点的酵母面团，
面团要：

· 发酵到大一点的体积

· 触摸起来要软

· 材料少油、少糖

· 加入蛋

· 发酵时间较长

· 使用发酵过的面团（老面）做发酵介质

如果做浓郁一点的酵母面团，
面团要：

· 发酵较小的体积

· 加入较大量的油和糖

· 加入干果或核桃类

· 加入蛋黄

· 发酵时间较短

· 用冷发酵方法制作面团

四种制作方法

生的面包面团基本上都是活的，受材料、温度、酵母及操作方式影响。这些因素会让每次烘烤出来的面包都不同，也因为这样，做面包的乐趣比其他甜点更多，这也是一定要自己试着动手做面包的原因。不要过于依赖面包机的方便性，而牺牲了烘焙过程中发生变化的各种小惊喜。

做面包的方法是多样的，大致分成以下四种：

直接糅合法（Conventional Dough Making Method）：

将所有材料一次性加入并糅合在一起，是最简单、也最能呈现面粉风味的做法，这是进级到其他制作方法之前，最省时的方式。本书所用的酵母面团大多使用直接糅合法，带大家轻松地进入面包的殿堂。

中种加入法（Fermentation Dough Method）：

制作面包前，需先准备中种面团。中种面团是先将 70% 的材料（面粉、水及酵母）糅合，发酵后加入剩下的 30% 材料，再混合成一个面团。中种，因为使用的材料很简单，所以酵母有一个很轻松的发酵环境，花 1~3 小时发酵好的中种面团，再与其他材料糅合在一起，最后会成为一个柔软、有弹性、面筋延展性较好的面团。面团是在低温下长时间发酵而成，所以面团的水合状态佳，面筋的延展性也更好。

冷发酵法（Cold Method）：

这也是先用直接糅合法制作而成的面团，不同的是将它直接放入冰箱中冷藏慢慢发酵，这个方法大多用于油脂较多的面团，因为在冷发酵期间面粉会吸收较多的水分，油脂可以防止水分的蒸发。

发酵酸种法（Sour Dough）：

就是所谓的老面加入法，这里所使用的发酵媒介，不是工业用酵母，而是水和面粉混合后，让面团和空气中的酵母自然形成发酵作用。

Bread
Dough

材料使用秘诀

酵母菌（Yeast）

酵母是让面包变美味的功臣，它是有机体，是有生命的，但是我们的肉眼看不见。酵母大致上可以分新鲜（Fresh）、活性（Active）、速发（Instant）三种。

新鲜酵母，又分为压缩酵母和自制酵母两种。压缩酵母菌的外观看起来有点像黄油块，手感湿润，味道也较重，无法保存，但会给面包带来不同的风味。

自制酵母菌，大多是用苹果、葡萄等水果制作而成，因为酵母需要糖分来作为养分，所以将泡水的水果放在温暖处就可以培养出菌种，用滤去果渣留下汁液的方式，再加入中筋面粉、麦芽精和水，经过反复喂养完成酵母菌。

因为用水果酵母菌发酵的面团发酵时间长且慢，不如干酵母来得方便且快速，所以现在的烘焙坊用干酵母比较多。因为它可以提升面包的品质，也可以让面包有比较长的保存期限。

活性干酵母，是干燥后加上非活性外膜的酵母，所以在混入面粉之前，一定要先在水中溶解。使用37℃的温度溶解，让酵母"苏醒"过来。

速发酵母，因为不含非活性外膜的酵母，所以不需要先用水溶解，直接和面粉及其他材料混合就可以了。

无论你使用哪一种酵母，添加量是非常弹性的。差别在于，酵母加得越多，发酵得越快，而发酵时间越长，面包的味道就越强烈。一般来说，发酵环境不可以超过35℃，如果温度太高，会让二氧化碳产生的速度加快而制造出更多的酸，让面团散发出难闻的气味。

混合面团材料时，记得让酵母远离盐和糖，因为盐和糖都会影响酵母的发酵作用。

储存酵母菌最好的温度为4℃~7℃，而且要密封。没有密封的酵母，容易失去活力而失去发酵力。

冬天的酵母用量要比夏天多。因为低温会减缓酵母的发酵作用，所以可以在原配方量的基础上增加1/3。

冷冻面团的配方中要加入较多的酵母菌。因为在冷冻时，30%的酵母菌会死亡，等面团温度升高时，原本冬眠的酵母菌会醒过来，但是大概只有70%的酵母会起作用。

· **新鲜酵母换算成干酵母粉**	· **活性干酵母粉换算成干酵母粉**
所需的新鲜酵母量 × 0.5 = 所需的干酵母量	所需的活性干酵母粉量 × 0.7 = 所需的干酵母量

盐（Salt）

盐会抑制酵母菌的滋长，让面团有延展性，并增加面包的风味。当然做面包的时候也可以不加盐，只是烘烤出来的面包因为没有盐来紧实筋度，所以弹性较差，变成黏性较大而扎实的面包。

没有加盐的面团也需要较长的时间发酵。

油脂（Fat）

油脂的主要目的是增加面包的香气，也可以增加面团的延展性。而且油脂包覆了面包内部的组织，防止水分蒸发，所以面包的口感更加松弛柔软，延迟老化和硬化的时间。

添加剂（Additive）

面包所使用的添加剂，包括益面剂、改良剂等。益面剂，就是业界常用的面包乳化剂，可以让面包的口感更柔软，也可以帮助材料混合得更均匀，让面包不易老化。

改良剂，可以改良水质的软硬度。

由于本书的配方是提供给在家做面包的你，所以没有使用任何添加剂，如果需要用到，要好好地了解它的功能和用途再使用。

面粉（Flour）

面粉是面团筋性的来源，这不是其他粉类可以代替的。高筋面粉因为蛋白质含量最多（即筋度最高，有高度的黏性和弹力），会在糅合甩打的过程中将所有的材料连结起来，成为一道强有力的薄膜组织，保留住发酵过程中的二氧化碳，让面团饱含气孔而烘烤成膨松又柔软的面包。

水分（Liquid）

水分是为了帮助面粉形成筋性，水分放多放少，也会影响到面包的软硬度。水分多可以做出较软的面包，水分少则较硬。酵母面团里加的水分可以从牛奶、蛋等液体材料中摄取。水分加入时的温度，最好控制在比人体温度稍低的状态。温度太高，会让酵母菌失去作用。最好让完成的面团温度在30℃以下。

Bread
Dough

⏱ 操作技巧

时间分配

准备（10分钟）→揉捏混合材料（15分钟）→第一次发酵（45~60分钟）→分割切块（10分钟）→静置休息（10分钟或冷藏12小时）→整形（10分钟）→第二次发酵（30分钟）→进烤箱（15~30分钟）→出炉

制作酵母面包有4个基本步骤

1.【混合成一个面团】将面粉、水、酵母和盐混合在一起。

2. 【揉捏混合】将所有材料用柔软的力量整合在一起，让面团产生面筋。

3. 【面团休息】即发酵。这个过程可以让酵母生成二氧化碳，让面团中充满气孔。

4. 【烘焙】用热能让面包结构形成。

发酵

在家发酵面包有几种方式。天气热的时候，放在室温下，让面团自然发酵即可。如果气温较低，可以找一个较大的容器，里面放上一杯 60℃ 的温水和糅合好的面团，盖上盖子就可以发酵，水变冷的时候再换一杯温水。另外，家中的微波炉、电饭锅也可以成为简易的发酵箱，同样是放入一杯 60℃ 的温水，为等待发酵的面团制造一个温暖的环境。

半透明玻璃检查法

手揉面团的时候，有时很难判断面团的发酵是否已经完成，可以将材料揉制成一个面团后，捏起一小块，轻轻地用手掌和手指的力量夹住面团的边缘，往四边拉开。还没拉断之前，如果可以拉出半透明的薄片，就代表面团的筋数已经发酵完成，可以进行后续的步骤了。

糅合面团

一定要记得，揉面团时要保留一些水分，不要一次加完。因为天气的湿度、面粉的湿度以及材料的替换会使面团需要不同的水分量。如果面团过干，还可以再加水调整，但是如果过湿，就较难用粉去调整面团了。

糅合面团后覆盖保鲜膜和湿布

糅合好的面团放置在室温发酵时，如果室内湿度较低，面团表面会变得干燥，使得膨胀的效果变差。而且过度的干燥，会让面团表层有剥落的现象。所以再覆盖一层湿布可以让面团保持湿度。

发酵面团的判断

到底发酵到什么时候才算完成？食谱上的时间通常是一个参考值。有两个比较简单的方法判断是不是可以终止发酵。一是看面团的体积已经膨胀至揉好时的两倍大，另一个方式就是用手指戳面团，如果面团按下去之后有印痕又不会弹回来，表示面筋已经到了弹性的极限。

整形后的第二次发酵

整形好、切割好的面团为什么要进行第二次的发酵？原因是整形后的面团有点被强迫定形，面团很紧绷，如果让面团休息一下，酵母重新活络起来，面筋也变得柔软，而且由于二氧化碳的产生，让面团内部再度延展开来。

Bread
Dough

面包的保存方法

当天没吃完的面包，最好的保存方法是冷冻，也可以放在室温下。如果隔日可以吃完，千万不要冷藏。

因为面包慢慢冷却时，淀粉就会开始老化，面包也会因此渐渐变干变硬。冷藏在冰箱里的面包，水分会被抽干而变得又干又老。有实验说明，面包在7℃的冷藏室中摆放一天，其老化速度等同于30℃（即室温）的状况下摆放6天，老化的情况在冰点0℃以上时速度最快，冰点以下就会变得缓慢。如果想要保持面包原来的风味及口感，无法在当日食用完毕的面包，可以密封后放置于冷冻室，食用时再退冰烘烤，即可恢复柔软的口感。

面包保存在室温不超过2天，冷冻不要超过2星期。

Lean Dough Bread

瘦面包

面包也分瘦胖，好玩吧！其实胖和瘦，是根据加入油脂多少来分类的。油脂加得多的面包就是所谓的胖面包；没有加入任何油脂，或者加入少量比例油脂的面包，都可以称为瘦面包。不管油脂加多加少，都是为了创造不同口感和风味。这也是告诉我们，配方必须在一定的基础下调和，各种原料的用量都会造成影响，而且会产生意想不到的结果。

 准备

烤箱温度
第一阶段 220℃
第二阶段 190℃

烘烤时间
第一阶段 10 分钟
第二阶段 20 分钟

分量
8 人份

使用器具
钢盆
过筛器
刮板
保鲜膜
湿布
擀面棍
主厨刀
烤盘
硅胶烤垫

 **材料**

高筋面粉 566g
水 340g

速发干酵母粉 4g
盐 12g

31

做法

混合成面团

1. 面粉过筛后，在桌上做出粉槽。
2. 放入盐，混合在一起。
3. 让干酵母粉和 20g 的水稍稍混合。
4. 面粉里加入酵母菌水 。
5. 将剩余的水倒入面粉中，稍稍混拌。
6. 揉成一个光滑的面团。

7. 取一小块面团，用半透明薄膜检查法，确定面团出筋完成。

面团休息

8. 将面团放置在钢盆中，用保鲜膜和湿布覆盖，放在较高温的地方开始发酵。

9. 面团发酵成两倍大的体积时，用手指按压面团的表面，面团不反弹就表示第一次发酵完成。

整形

10. 将发酵完成的面团，移到撒好手粉的桌面上。

11. 将面团按扁，将多余的空气排出。

12. 将面团平均分成 2 份，再揉成圆形。

13. 让面团休息 10 分钟，使酵母重新在面团中舒展开来。

14. 在面团的顶端划 ×，让面团进行第二次发酵，约 1 小时。

烘焙

15. 进烤箱前，在面包团上撒上手粉。
16. 烤箱预热至 220℃，进烤箱烤 10 分钟，将温度降为 190℃，烤 30 分钟即完成。

小贴士

- 如果面团的发酵时间到了，但是压下去有反弹，就表示还需要发酵一些时间。
- 面团配方中，油脂比例超过 20% 就算是高油脂。
- 面粉可以用部分全麦面粉代替，但代替比例建议不要超过 30%。

Milk Hearth

牛奶哈斯面包

这是法式软面包的其中一种。在这个面包配方里，用牛奶代替了所有的水分，所以有淡淡的牛奶香。另外，在这个配方中加入了低筋面粉，低筋面粉会让这个面包的口感较软，韧性较弱，所以这款面包不但适合直接吃，也很适合做三明治。

它的配方是：面粉＋酵母＋牛奶＆蛋黄＋常温黄油

 准备

烤箱温度
180℃

烘烤时间
25 分钟

分量
6 人份

使用器具
钢盆
过筛器
硅胶刮刀
硅胶刮板
量秤
湿布
保鲜膜
主厨刀
烤盘
硅胶烤垫
刷子

 材料

高筋面粉 350g	速发干酵母粉 5g
低筋面粉 150g	蛋黄 25g
盐 5g	牛奶 325g
白砂糖 40g	无盐黄油 40g（室温）

做法

混合成面团

1. 将所有干粉材料过筛，在桌面上筑成一圈粉墙。
2. 加入蛋黄和 190g 牛奶，和粉料搅拌均匀。剩余的牛奶再酌量加入。

揉捏混合

3. 搓揉面团，让材料完全混合，直到面团可以拉出筋性。
4. 加入软化的无盐黄油，继续揉面团至出现薄膜状。
5. 将大面团分成 3 个 300g 大小的面团。

面团休息、整形

6. 面团第一次发酵，上面覆盖保鲜膜和湿布，在 26℃ 的温度下发酵 90 分钟。

7. 将多余的空气排出，再将发酵的面团擀平整形。

8. 两边向中间卷起，在中间捏合起来。

9. 长条面团翻面后，擀平成长条形。

10. 卷成短柱形，收尾在下方。
11. 让面团休息，再发酵 30 分钟。
12. 用刀在面团上直划 3~5 刀。
13. 涂抹蛋液。

烘焙

14. 烤箱预热至 180℃。
15. 烤 25 分钟即完成。

小贴士

为什么要在面包表面划刀痕呢？主要有两个功能，一是可以让体积比较大的面包烤透，二是可以让面包的外形更美观。

Low Temperature
Fermentative Bread

低温发酵法面包

低温发酵法，最大的特色就是用比较少量的酵母粉（是一般用量的 1/3~1/4），进行长时间低温发酵，不受酵母味道影响，能完全呈现素材的原味，制作出口感丰富的原味面包。

低温发酵有两个好处，一是时间的分配比较自由。一般发酵需等待两个阶段的发酵时间，大概要花掉大半天的时间。但是，低温发酵的面包可以在前一天做好面团，放入冰箱经过一夜的冷藏发酵，次日早上拿出来回温及整形切割，再做最后发酵，这样就不用为了做面包而一整天被面团"绑架"了！另一个好处是，经过长时间发酵的面团，由于面粉可以长时间吸收水分，所以烘焙出来的成品也比较湿软。

准备

烤箱温度
190℃

烘烤时间
15 分钟

使用模具
密封容器
12cm 长
12cm 宽
20cm 高

分量
4 人份

使用器具
过筛器
硅胶刮板
钢盆
密封容器
刷子
胶带
烤盘
硅胶烤垫
主厨刀
筛网

 材料

高筋面粉 200g
速发干酵母粉 1.5g
盐 3g
白砂糖 6g
水 120g
植物油 少许（涂容器用）

做法

混合成面团

1. 所有干粉材料放入钢盆中拌匀。
2. 慢慢加入水，搅拌搓揉成一个不黏手的面团。
3. 面团移至工作台上，继续搓揉，将面团整合在一起，抓住面团一角朝桌上用力甩，对折，将面团转 90°继续甩打和搓揉。
4. 面团揉制光滑后，将面团滚圆。

面团休息

5. 在密封容器里涂上一层植物油。
6. 将面团放入密封罐中。
7. 将密封的面团放入冰箱，冷藏发酵至少 12 小时。

揉捏混合

8. 取出冷藏发酵完成的面团，不用开盖，置于室温回温约 0.5 小时后再打开盖子，将面团移至撒了少许手粉的工作台上。

9. 轻压面团排出空气，切成 2 等份，滚圆。
10. 盖上湿布，放置 10 分钟发酵，让面团松弛。
11. 用手轻压数次排出空气，将面团滚圆。
12. 将滚圆的面团置于烤盘上，在高温的环境下再发酵 50 分钟。

🔖 烘焙

13. 将烤箱预热至 190℃。
14. 用刀在面团中央切 2 个刀口，表面撒上手粉。
15. 放入烤箱烘烤 15 分钟，移至散热架上放凉。

🏺 小贴士

- 揉面团加水时，不要一次全加，观察面团的湿度边加边揉。
- 若密封罐比较矮，可以在面团表面撒一点手粉，以免粘在盖子上。
- 如果担心记不住发酵前的高度，可以用胶带在密封容器上做记号。
- 烘烤时，可以在烤盘中倒一杯滚水制造水蒸气，使外皮薄脆。

Non-Knead Crusty Bread

荷兰锅免揉面包

纽约师傅 Jim Lahey 利用铁锅容易聚热的特性，发明了这个简单、不用反复揉制的面包配方及做法，烤出来的面包依然有常规面包的脆皮和充满气孔的内部组织。这种面团含水量较高，因为省略了揉制的过程，所以材料混合后水分不会马上被面粉吸收，而是利用室温下的长时间发酵，让面团慢慢吸收水分。因为酵母粉的用量很少，所以不会因为长时间发酵让面团变酸，如果你很忙，又正好有荷兰锅（铸铁锅），不妨试试这个做法。

 准备

烤箱温度
220℃

烘烤时间
第一阶段 20 分钟
第二阶段 10 分钟

使用模具
40cm × 20cm
椭圆铸铁锅
（荷兰锅）

分量
8 人份

使用器具
钢盆
刮板
擀面棍
保鲜膜
湿布
荷兰锅
网架
主厨刀

 材料

高筋面粉 450g	盐 3g
水 300g	橄榄油 20mL
速发干酵母粉 3g	

做法

混合成面团

1. 将过筛的面粉倒在桌面上，筑成一圈粉墙，加入干酵母粉和盐，稍稍混合。
2. 慢慢加入水，搅拌搓揉，将材料糅合在一起。
3. 揉成一个有点黏手的面团。

面团休息、整形、再休息

4. 将面团放置在钢盆里，覆盖上保鲜膜，在室温下发酵 10 小时。
5. 取出发酵成两倍大的面团，移至撒了少许手粉的工作台，稍稍整成团。
6. 轻压面团排出空气。
7. 用擀面棍将面团擀长。

8. 对折，转向，再次擀长。

9. 把擀长的面团再对折。

10. 将面团整成圆形，放回刷了橄榄油的钢盆里。

11. 盖上保鲜膜和湿布，在室温下放置 90 分钟让面团松弛。

 烘焙

12. 将烤箱预热至 220℃，在面团松弛 70
　　分钟时，将荷兰锅连同盖子放入烤箱
　　预热。

13. 在面团上切 2 个刀口。

14. 在面团表面涂抹橄榄油。

15. 撒上盐。

16. 将面团取出，放入烧热的锅中，盖上盖子，进烤箱烘烤 20 分钟。

17. 将烤箱内的荷兰锅盖子取下，再烘烤 10 分钟即可出炉，将面包移至散热架上放凉。

🍞 小贴士

- 荷兰锅是铸铁锅，传热很快，所以拿取的时候要特别注意锅子的温度，小心烫伤。
- 面团要根据家中现有的铸铁锅大小调整分量，以面团可以放入锅中的一半量为准。
- 如果铸铁锅没有盖子，可以用锡箔纸封口，烤完后取下。

Brioche
Couronne
必又许面包

　　法国面包和必又许面包是法国最主要的两种面包。必又许没有加水，以蛋和大量的黄油为主，所以做这款面包的时候，黄油和蛋的品质很重要，而且含有大量油脂和糖分的面团，对烘焙师而言是很大的挑战。油和糖会延缓面筋的发展，所以我们会发现含油脂较多的面团比较柔软，不像油水面包那样有嚼劲。烘烤这类面包时，膨胀所需要的时间会比较久，因为糖会将酵母细胞脱水，将酵母生长速度减缓，另外糖分会让面团产生较快速的褐变反应，所以烘烤温度会较低，否则表面容易烤成焦褐色。操作时，通常是在面筋形成后（即将粉类和水分先糅合在一起）再加入油脂。

 准备

烤箱温度
190℃

烘烤时间
20 分钟

分量
4 人份

使用器具
过筛器
钢盆
湿布
保鲜膜
剪刀
硅胶刮板
烤盘
硅胶烤垫

材料

高筋面粉 230g	白砂糖 25g
牛奶 30g	蛋 2 个
速发干酵母粉 4g	无盐黄油 70g（室温）
盐 5g	珍珠糖 少许

做法

混合成面团

1. 将干酵母粉放入常温牛奶里，让酵母菌活化。

2. 将所有的干粉材料过筛，在中间做一个面槽，加入盐、白砂糖拌匀。

3. 加入酵母牛奶液。

4. 加入蛋液，拌合所有的材料。

5. 用手揉至形成黏手的面团。

6. 加入软化的无盐黄油 。

7. 揉成一个不黏手的面团，确认拉起面皮是可透光、不易破的。

面团休息

8. 将面团置于钢盆内，用保鲜膜和湿毛巾覆盖，置于温暖的地方让面团发酵 60 分钟。
9. 60 分钟后将面团取出，轻轻按压，将多余的空气排出来。

糅合整形

10. 将面团分成 3 个 300g 大小的面团，压平排出空气，再揉圆。
11. 用手在中心点压出一个凹槽，然后从中心点拉开，形成一个圆圈。

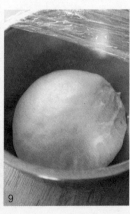

12. 用绕动面团的方式将面团调整成同样粗细，再拉大一点以防发酵后粘在一起。

13. 放置温暖处，发酵约 30 分钟或膨胀约两倍。

14. 将面团置于烤盘上，涂抹蛋液后，用剪刀在面团的上方剪一圈切口。

烘焙

15. 将烤箱预热至 190℃，面团上撒上珍珠糖，放入烤箱烤 15 分钟，表面上色后即可出炉。

12

13

14

15

小贴士

混合好的面团如果当日没有时间烤，可以置于 5℃冷藏室，这种方法叫做"延迟发酵"。因为以前的师傅为了可以一早卖面包，要整夜揉面团，让面团发酵。后来发现低温可以减缓酵母的活力，并且让酵母有更多的时间和细菌产生风味化合物质，因此可以在白天做好面团，放在冰箱内，隔日再拿出来烘烤！

Rustigue Dough

洛斯迪克面包

这款面包是欧式面包中的基本款，仅仅使用了面粉、盐、酵母和水制作。这款水分比较多的法国面包，糅合时间短，口感柔软易嚼，香味也比其他欧式面包浓，适合直接蘸橄榄油吃。

准备

烤箱温度
220℃

烘烤时间
30 分钟

分量
6 个

使用器具
钢盆
量杯
过筛器
硅胶刮板
烤盘
硅胶烤垫
擀面棍
主厨刀

 材料

法国面粉 500g
盐 10g
速发干酵母粉 2g

常温水 375g
白砂糖 5g

做法

混合成面团

1. 干酵母粉加入 100g 室温水中，混合至溶解。
2. 面粉过筛。
3. 面粉筑成圈状粉墙，加入盐和白砂糖。
4. 倒入酵母水和剩余的水，从内侧一点一点地将面粉和水分融合。
5. 开始拌揉，使面粉充分吸收水分，直到揉成有点黏手的面团。
6. 继续揉面团，直到不断裂即可。让面团的光滑面朝上，形成一个表面光滑的圆形面团。

面团休息、整形

7. 盖上保鲜膜和湿布，在温度 26 ℃的地方发酵 60 分钟。

8. 轻轻按压排出空气，将面团擀开后，上下对折。

9. 再次擀开，对折。

10. 左右两边往内折，再对折，将边收好。

11. 折面朝下放置，继续发酵 30 分钟。

12. 排气后，整形成长方形，去除四周多余的边，整形成方形。用刮板分
　　为 6 等份，再整形成方形。

烘焙

13. 放在烤盘上发酵 40 分钟。
14. 用主厨刀在面团上划 1 刀对角线。
15. 烤箱预热至 220℃，放入烤箱前先在面团上喷水。
16. 烘烤 30 分钟即可出炉。

小贴士

这款面包含水量较高，糅合成出筋的面团是比较难的，所以糅合成有点黏手的程度时就可以进行发酵。第一次的发酵时间比较长，是为了让面粉充分糊化。

Forcaccia

佛卡夏面包

来自意大利的佛卡夏已经有一千多年的历史，是一款很平民的面包。佛卡夏在意大利语中意为用火烤的东西，是意式披萨的前身，也是意大利人心中最普通的面包。以面包面团为基底，淋上橄榄油、迷迭香和盐，就能烤出简单朴实的意大利家常面包。如果想多一点变化，可以再加上黑橄榄或培根等，变化成自己喜爱的口味！它和传统的意大利 Pizza 饼底很大的不同点是，佛卡夏的酵母菌用量比披萨多很多，所以较为饱满厚实，而披萨较为薄、扁、脆。不过西西里 Pizza 和佛卡夏面团很像，所以也有人用佛卡夏的面团直接擀成 Pizza 的饼底。

准备

烤箱温度
190℃

烘烤时间
30 分钟

分量
4 人份

使用器具
烤盘
硅胶烤垫
过筛器
钢盆
量杯
刷子
擀面棍
湿布
保鲜膜

材料

高筋面粉 250g　　水 150mL
速发干酵母粉 4g　　新鲜迷迭香 3g
盐 2g　　　　　　橄榄油 20mL
白砂糖 8g

做法

混合成面团

1. 将所有的干粉材料过筛，加入盐和白砂糖。
2. 放入切碎的新鲜迷迭香。
3. 将干酵母粉放入水里溶解成酵母水，倒入粉料中。
4. 将面粉混合成不黏手的面团。
5. 加入橄榄油，将面团糅合成团。
6. 继续揉压面团，把面团搓揉至能拉出薄膜状。

面团休息、整形

7. 在钢盆中稍稍涂一些橄榄油，将面团放进钢盆中。

8. 在钢盆上覆盖保鲜膜和湿布，在室温下第一次发酵 1~1.5 小时（面团膨胀至两倍大，如果发酵不足可以再放 30 分钟）。

9. 在工作桌上撒上手粉，将面团移出，排出多余的空气。

10. 再次揉成一个圆形面团，放置 10 分钟，让面团休息一下。

11. 先将面团摊开，再用擀面棍将面团擀扁，厚度约为 1.5cm。
12. 用手指在面团表面压出一洞一洞的凹痕。
13. 在面团上刷上一层薄薄的橄榄油。
14. 让面团再休息 30 分钟，烤箱预热至 190℃。

烘焙

15. 进烤箱前，在面团上撒上一层新鲜迷迭香。
16. 烘烤 30 分钟，表面成金黄色即可出炉。

小贴士

- 在步骤 14 的时候，可以任意加上自己喜欢的配料，例如黑橄榄、洋葱等。
- 面团要擀薄一点，以免再次发酵的时候变得太厚。
- 在面团表面涂抹的橄榄油，可以依自己的口味调节，如预先浸泡压碎的蒜头或新鲜的香料。

Nann
印度烤饼(馕)

这是一种起源于波斯的发酵面饼，中亚和南亚人的主食之一。具体的形状会因地域和民族习惯而不同。有的将面皮擀平，有的做成半球状，也有的直接拉拽成长片形。由于可以存放很长时间，常被当做干粮。

一般的印度烤饼是放在坦都烤炉内烤，在这里教大家用家里的烤箱也可以烤出一样的效果。

 准备

烤箱温度
220℃

烘烤时间
13 分钟

分量
8 人份

使用器具
钢盆
量杯
过筛器
硅胶刮刀
烤盘
硅胶烤垫
刷子

 **材料**

速发干酵母粉 2g　　盐 2g
温水 150mL　　色拉油 5mL
白砂糖 2g　　酸奶 10g
中筋面粉 200g　　融化无盐黄油 50g
泡打粉 1g

做法

混合成面团

1. 将干酵母粉和温水混合。

2. 将过筛的面粉倒入钢盆。

3. 加入过筛后的白砂糖和盐，再加入泡打粉。

4. 倒入酵母水，开始糅合。记得不要一次将水加完，将面团调整成不黏手的状态就可以了。

5. 加入色拉油和酸奶，继续糅合面团。

面团休息、整形

6. 盖上保鲜膜和湿布，让面团在约 30℃ 的温度下发酵 90 分钟，让面团变成两倍大。

7. 手指压下去不会回弹的状态即可。

8. 将面团分割成每一个 50g 大小的面团，擀压成椭圆形。

烘焙

9. 烤箱预热至 220℃，将烤饼放在烤箱最底层烤 10 分钟。

10. 取出烤盘，在饼皮两面都刷上融化的无盐黄油，再放回去烤 3 分钟即可。

🧁 小贴士

如果喜次浅烘的口感，可以将面皮擀得更薄。进烤箱的时间可减为 8 分钟 + 2 分钟。除了黄油口味，还可以撒上芝麻、蒜油等，调制成不同的口味。

Pita 希腊口袋饼

世界各地以面包为主食的民族，几乎都有扁形的传统面包，因为在没有烤箱的年代，居无定所的游牧民族要将厚厚大大的面团烤熟不容易，捏成薄薄扁扁的形状，只要往烧热的石头或铁铛上一贴就可以烤透。

Pita，就是中东、希腊地区传统的扁形面包。它的特色是一烤就会膨胀得很大，中间是空的，切成两半就像口袋，可以填入任何自己喜欢的馅料，变成三明治料理。

一般面团受热后都会均匀膨胀，但扁形的面团却变成中空状，这是为什么呢？原理是在烘焙过程中，一般面团的外层会先凝固，膨胀的气体因为没有办法将凝固的外层撑开，就会窜到面团里面较软的组织内，在面团里面活动。但是扁形的面团，上下外层都烤硬后，中间没什么软的组织，所以能将面团撑开，变成一个口袋。

 准备

 材料

高筋面粉 250g　　速发干酵母粉 1g
全麦面粉 50g　　　水 200g
白砂糖 8g　　　　橄榄油 10g
盐 1pich

烤箱温度
220℃

烘烤时间
烤盘 5 分钟
面皮 8 分钟

分量
8 片

使用器具
过筛器
钢盆
保鲜膜
湿布
刮板
擀面棍
烤盘

做法

混合成面团

1. 所有的干粉材料过筛。

2. 把白砂糖、盐、速发干酵母粉加入，搅拌均匀。

3. 加入水和橄榄油，继续揉大约 5 分钟，成为均匀但不黏手的面团，这时的面团不需要用力搓揉，不要求拉出薄膜。

面团休息、整形

4. 将揉好的面团滚圆，覆盖保鲜膜和湿布，放在温暖处发酵 40 分钟，如果发酵不佳就延长发酵时间。

5. 将面团移至撒有手粉的工作桌上，先将多余的空气排出，然后将面团分成 8 等份（1 份大约 60g）。

6. 将面团滚圆，让面团休息 15 分钟。

7. 将面团擀成直径 20cm，厚度约 0.4 cm 的圆形薄饼。

烘焙

8. 摆在烤盘垫上，放在温暖处发酵 30 分钟。

9. 烤箱预热至 220℃，将另一个烤盘放入烤箱预热 5 分钟。

10. 取出烤盘，将擀平的面皮换到烤热的烤盘上，进烤箱烤 6 分钟。

11. 取出后放凉，即可切半夹馅。

5

6

7

10

小贴士

- 要想将 Pita 做好有两个重点，一是要将面团擀薄，二是用高温烘焙，让外层尽快凝固。
- 烤箱要提前 10 分钟预热。
- 将烤盘预热，让 Pita 从一开始烤就接触热烫的烤盘，模仿古人将饼贴在烫石头上的烤法，这可以大幅提高成功的概率。

Blueberry Bagel
蓝莓贝果

贝果是由东欧波兰裔的犹太人发明的，并且将它带到北美洲。最初贝果只是一个圆形的面包，为了方便携带做成了中间空心的形状。由于形状像马镫，因此被取名为有马镫之意的"贝果"。通过不断地改变配方，才有现在这么多的变化！但是它怎么变，始终都与犹太人有紧密的关系，如今犹太人的宗教仪式中还是少不了贝果！

准备

烤箱温度
210℃

烘烤时间
20 分钟

分量
6 个

使用器具
过筛器
量杯
四方深容器
刮板
烤盘
硅胶烤垫
汤锅
捞网
擀面棍

材料

高筋面粉 400g
速发干酵母粉 4g
白砂糖 80g
盐 5g
水 170g
无盐黄油 30g（室温）

蓝莓果酱 45g
蓝莓干 30g

糖水
水 1000mL
白砂糖 50g

做法

混合成面团

1. 将所有的干粉材料过筛，筑成粉墙。
2. 加入水（不要一次加入），将面团糅合。
3. 将面团压扁，加入软化后的无盐黄油糅合均匀。
4. 加入蓝莓果酱和蓝莓干，继续搓揉。
5. 将面团揉至拉得出薄膜的状态。
6. 将面团揉圆。

面团休息、切割

7. 将面团放置在钢盆里，盖上保鲜膜和湿布，发酵 20 分钟，让面团膨胀两倍大。

8. 轻轻按压面团。

9. 用塑料刮板切割成 6 等份，滚圆、收口至下端，再休息 10 分钟。

揉捏整形

10. 将小面团搓成长条状。

11. 底端用擀面棍压扁。

12. 把面团首尾相接，用压扁的面皮包覆另一端，捏紧，形成一个圈状。

13. 将整形好的面团放入烤盘中，再休息 30 分钟。

14. 烤箱预热至 210℃。

煮糖水

15. 将糖水的材料放入锅中煮沸。

16. 将圈状的贝果放入糖水中，煮 30 秒后，翻面再煮 30 秒。

烘焙

17. 将煮过的贝果放置在烤盘上，进烤箱烤 20 分钟，表面呈现金黄色即可。

据说当初发明这种面包卷，是面包师傅为了将面包塞进蛋糕模具里节省空间而想出来的。后来也有人用圆形烤盘，烤出一朵花的造型。

这种面包在 18 世纪时就在英国流传开来。看似简单地用甜酵母面团包裹干果制作而成，就是因为简单易做，所以流传了这么久！在英国的咖啡厅里都可以看见这种面包作为下午茶的茶点。

 准备

烤箱温度
190℃

烘烤时间
25 分钟

分量
6 人份

使用模具
6 寸可脱底烤模

使用器具
钢盆
保鲜膜
湿布
擀面棍
刷子
切面刀

 **材料**

面团
高筋面粉 500g
盐 0.5g
速发干酵母粉 1g
牛奶 300g
无盐黄油 40g（室温）
蛋 1 个
植物油 少许
（涂抹模具用）

内馅
无盐黄油 25g
二砂糖 30g
肉桂粉 0.5g
混合果干 150g

上亮
牛奶 50mL
白砂糖 10g

做法

混合成面团

1. 将面粉和盐过筛到钢盆里，加入酵母粉。
2. 加入软化的无盐黄油。
3. 将牛奶和打散的蛋加入面粉中，糅合成一个柔软的面团。

面团休息

4. 将面团放置在钢盆中，盖上保鲜膜和湿布，在温暖的地方发酵 1 小时，让面团膨胀至两倍大，手指压下后不会回弹。
5. 将面团移至撒有手粉的工作台上，擀成 0.5cm 厚的长方形。

揉捏混合

6. 在摊平的面团上涂抹一层融化的无盐黄油。

7. 均匀撒上二砂糖和肉桂粉。

8. 撒上混合干果。

9. 将面团卷起来，切成 4cm 宽的圆柱形。

烘焙

10. 烤盘上涂抹一层植物油。

11. 面包卷切面朝上，从中心向外摆入模内。

12. 盖上保鲜膜和湿毛巾，再让面包发酵 30 分钟。

13. 烤箱预热至 190℃。

14. 将面包放入烤箱烤 25 分钟。

准备上亮的材料

15. 将牛奶加热，加入白砂糖，小火煮沸后约 2 分钟。

16. 将面包卷从烤箱中取出，涂抹热牛奶，在网架上放凉。

🐧 小贴士

模具可以选择方形或圆形的，也可以将面团一个个侧翻起来独立烘烤！

Bath Bun

巴斯圆面包

　　英国最优雅的城市可属巴斯这个地方了！到过巴斯的人，对于市区内最古老的房子（1482 年所建）和最古老的餐厅（1680 年成立）——Sally Lunn's 一定不陌生。

　　Sally 曾在这家餐馆里制作了这种又甜又浓郁的圆面包，她的手艺一直流传至今。如果白天去这家餐厅，还能参观他们的厨房博物馆，这里标榜着 "You cannot visit Bath without experiencing the taste of the World Famous Sally Lunn Bath Bun"，也就是说，来这里不品尝世界有名的巴斯圆面包（Bath Bun），就等于没有来过巴斯这个城市。

　　关于 Sally Lunn 的名称由来，多数的传说是在 1680 年时，有一位从法国来的新教徒难民，跟着乡亲父老逃到英国一个名叫巴斯的温泉胜地，这位难民就是年少的姑娘 Sally，因为无以为继，所以就租借当时人们不以为意的罗马人遗留下来的古迹破厨房，因为思乡，所以 Sally 每天定时烘烤法国乡下人常吃的黄油面包（Brioche），并且搭配英式调和红茶贩售。后来名声慢慢传开了，吸引了很多有名望的人到店里，有的是因为住在巴斯，常常慕名前来喝下午茶，如珍·奥斯汀（Jane Austen）；有的是因为喜欢旅行，吃吃喝喝找灵感，也到此一游，他就是狄更斯。

　　这个圆面包的起始至今还是个谜，因为没有人知道 Sally Lunn 是何许人也。直到 1930 年，这个面包食谱才被找出来，而这个食谱后来只传给有这个餐厅产权的人，绝不外泄。听了这个故事，你是不是和我一样很想马上到巴斯的 Sally Lunn 餐厅坐下来，点个巴斯圆面包配着英国红茶，发呆一个下午。

 **材料**

基础圆面包面团

高筋面粉 250g

肉桂粉 1g

盐 1g

白砂糖 30g

无盐黄油 30g（室温）

速发干酵母粉 7g

牛奶 115mL（37℃）

蛋 1/2 个

巴斯圆面包面团

Bun 面团 900g

葡萄干 60g

柠檬皮 20g

柑橘皮 10g

二砂糖 100g

蛋 1 个

1

基础圆面包面团
Bun Dough basic recipe

这个面团就是 Bun 面团，糅合发酵后就可以用来做各式 Bun 烘焙品，是 Bun 烘焙品的基础面团。

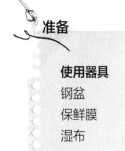

准备

使用器具
钢盆
保鲜膜
湿布

做法

混合成面团

1. 将面粉、肉桂粉和盐过筛至钢盆里。
2. 加入软化的无盐黄油。
3. 加入白砂糖和干酵母粉。
4. 将牛奶和打散的蛋加入面粉中，糅合成一个柔软的面团。
5. 将面团放置在钢盆中，盖上保鲜膜和湿布，在温暖的地方发酵 1 小时，让面团膨胀至两倍大，手指压下不会回弹即可。

2 巴斯圆面包 Bath Bun

准备

烤箱温度
200℃

烘烤时间
20 分钟

分量
15 个

使用器具
擀面棍
磨皮刀
刮板
刷子
烤盘
硅胶烤垫

做法

揉捏混合

1. 将发酵成两倍大的 Bun 面团取出，放在撒有手粉的工作台上。

2. 排出多余的空气，擀平。

3. 撒上葡萄干，刮入柠檬皮和柑橘皮，与面团糅合在一起。

4. 将面团分成 15 等份，将
   面团滚圆，收口在下端，
   摆放在烤盘上。

面团休息

5. 将面团置于温暖处，让面团休息 15 分钟。

烘焙

6. 烤箱预热至 200℃。
7. 将打散的蛋液刷在面团的表面，撒上二砂糖。
8. 放入烤箱烤 20 分钟即可取出。

👨‍🍳 **小贴士**

手粉大多使用高筋面粉。

Savarins 萨瓦林蛋糕

　　这是一种法式发酵蛋糕的做法，介于面包和蛋糕。1840 年的时候，巴黎的甜点师 Julien Brothers 根据 18 世纪波兰 Baba 的配方，改变糖浆和模具，创造了这个介于蛋糕和面包的新甜品。用这个命名是为了纪念法国著名美食家作者 Jean Anthelme Brillat-Savarin（1755~1826 年）。Savarin 和古老的 Baba 是很接近的，根据美国和欧洲蓝带学院的说法，两者都是发酵蛋糕，但 Baba 要浸泡在加了朗姆酒（Rum）的糖浆里；而 Savarins 则是在表面涂抹加了香料的无酒糖浆，并且会搭配打发的鲜奶油和水果一起吃。当然两者之间的外形也有差别，传统 Baba 是小小的柱形；而 Savarins 是圆圈状，并且在圈状中间填上打发鲜奶油和干果。

准备

烤箱温度
220℃

烘烤时间
30 分钟

使用模具
4 寸空心菊花模

分量
6 个

使用器具
过筛器
钢盆
硅胶刮刀
烤盘
挤花袋
平口挤花嘴 1.5cm

 材料

高筋面粉 250g
盐 2.5g
速发干酵母粉 5g
牛奶 50mL（37℃）
白砂糖 10g

蛋 4 个
柠檬皮 1/2 份
无盐黄油 125g
（室温）

做法

混合成面团

1. 将面粉、干酵母粉、盐和白砂糖过筛至钢盆中。
2. 加入磨好的柠檬皮。
3. 加入牛奶和蛋液混合均匀。
4. 糅合出一个柔软的面团。

面团休息

5. 覆盖保鲜膜和湿布后，将面团置于温暖处发酵 30 分钟。

6. 加入软化的无盐黄油，融合均匀。

7. 用 1.5cm 平口挤花嘴将面团挤入模具中，让面团再发酵 40 分钟。

烘焙

8. 烤箱预热至 220℃，将面团放入烤 30 分钟。

9. 取出放凉后，涂抹加热的杏桃酱。

小贴士

这里使用的模具并不是正统的 Savarins 模具，用的是较浅的甜甜圈状的模具，如果你想回归到传统，可以去购买正统的 Savarins 模具来烤这个蛋糕！

Chapter 2

Sponges & Cakes

蛋糕面糊

西方使用 Cake 这个称呼时，大多指的是较浓厚的蛋糕体，而不是我们常吃到的海绵蛋糕（Sponge）。蛋糕给人的基本印象就是甜和浓郁，蛋糕的制作材料就是很简单的面粉、蛋、糖和油脂，口感细致、入口即化。可以多加一点糖分，做成单纯的甜蛋糕，也可以将糖分减少，做成蛋糕基底，然后在基底上面加上巧克力、卡仕达、鲜奶油或果酱，变化成各种造型及口味的节庆蛋糕。

蛋糕的结构，主要是由面粉中的淀粉和蛋类中的蛋白质组合而成的，将它们打发时会注入空气，这时所产生的气泡可以将面糊变成细碎的状态，让蛋糕的质地柔软而且入口即化；而加入糖和油脂，则可以妨碍面团筋性的形成及蛋白质的凝结，同时也会破坏糊化所形成的网状结构，让蛋糕顺利地膨胀起来。但要注意的是，不要加入过量的糖和油脂，会减弱结构，这样蛋糕就会坍塌。

Sponges
& Cakes

蛋糕面糊分类

蛋糕面糊根据搅拌方式及材料比例的不同，大致可以分为以下几类：

第一类：乳沫类面糊（Foam Type）

1. 海绵类面糊（Sponge）

2. 蛋白类面糊（Meringue）

第二类：不打发的稀面糊（Pancake & Crepes）

第三类：浓厚重黄油面糊（Quick Cake Paste）

1. 黄油面糊（Batter Cake）

2. 速发浓面糊（Quick Cakes Paste）

蛋糕的体积与组织是面糊搅拌时打入空气的量决定的。打入的空气越多，体积就越大。但也不是打入的空气越多越好，否则蛋糕的组织会很粗糙，而打入的空气太少，蛋糕就会过于紧实。每一种蛋糕必须依设计配方与口感的要求调整搅打方式。一般来说，蛋糕所需要的发泡状况，要靠目测来判断。较为严谨的判断方式就是看"面糊的比重"。所谓面糊比重，就是面糊的重量与体积比。如果面糊打得较发，体积较大，则比重值较小，蛋糕就会粗糙；反之则比重值较大，蛋糕就会过于紧实。所以可以通过测量面糊比重值了解面糊的组织与发泡状况。

当然，蛋糕好不好吃要根据个人的喜好判断。在家做蛋糕和商店不同，当你找到自己喜欢的蛋糕口感时，可以用目测或手感当做制作标准，数据是否精准就不是那么重要了。

⏱ 蛋糕面糊的烘焙过程

蛋糕的烘焙过程分成三步：膨胀、定形和褐变。面糊放入烤箱后，受到热力的挤压，面糊会膨胀，蛋糕表面产生的薄膜封住蛋糕体。也就是说温度上升至 60℃ 时，薄膜将面糊中的水分变成蒸汽封在内部，使蛋糕体充满了气孔，然后面糊会变得更大。

烘焙的第二阶段，温度更高后，蛋里面的蛋白质凝固，淀粉开始吸收水分而产生糊化作用，受高温烘烤的面糊会在这个阶段固定成形。要特别注意的是，糖分会阻断蛋白质的凝固，如果是糖分较高的面糊，就需要调高温度至 100℃ 以上，这样淀粉才会糊化、固定。

最后阶段，蛋糕表面已经干燥了，慢慢地开始产生褐变。这时，多余的水分会排出，蛋糕体会缩小，只要中心熟了，蛋糕也就烘焙完成了。

各类蛋糕面糊的烘烤温度参考表

乳沫类蛋糕 / 轻黄油蛋糕	190~220℃
戚风蛋糕 / 重黄油蛋糕	170~190℃
水果和大型蛋糕	160~170℃
平盘类	上火 175~180℃，下火 160℃
450g 以上的面糊类	上大火、下小火，180℃

🍞 蛋糕的保存方法

海绵蛋糕（Sponge）—— 未加料　　→　　冷冻 1 个月

海绵蛋糕（Sponge）—— 加料　　　→　　冷藏最多 2 天

瑞士卷（Swiss Roll）—— 加鲜奶油　→　　冷藏最多 2 天

瑞士卷（Swiss Roll）—— 加果酱　　→　　干燥阴凉处 2 天

浓厚型蛋糕（Batter Cake）　　　　→　　干燥阴凉处 3~5 天，冷冻 2 个月

Foam Type

第一类 | 乳沫类面糊

这一类的面糊是利用鸡蛋中强韧和变性的蛋白质，使蛋糕膨大，不需要泡打粉。原料有蛋、面粉、糖、少量的牛奶或水和液体油脂，主要原料为鸡蛋，在搅拌过程中注入适量的空气，再加入其他材料拌匀，不需要使用发粉（即泡打粉），经烘焙即可膨大。

它与浓厚重黄油类面糊最大的差别，就是配方中不使用固体油脂（固体黄油或油酥类）。但为了降低蛋糕完成后过于强韧的口感，制作海绵蛋糕时可酌量添加液体油脂。

湿软乳沫类蛋糕面糊，又分为海绵类（Sponge）和蛋白类（Meringue）两种蛋糕基底。

种类	膨胀原料	面糊特性	代表蛋糕
海绵类	全蛋——以打发的全蛋或蛋黄与打发的蛋白混合作为基底	成品内部呈鹅黄色手感似海绵	海绵蛋糕
蛋白类	蛋白——以打发的蛋白，作为蛋糕的基础结构	成品内部呈白色口味也较为清爽	天使蛋糕

海绵类蛋糕面糊 Sponge

 搅拌方法：蛋液打发切拌法

主角材料：蛋

使用面粉：低筋面粉

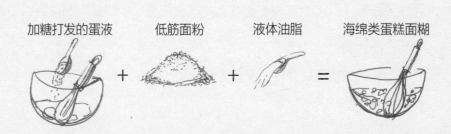

海绵蛋糕面糊基本材料与比例

| 加糖打发的蛋液 | 低筋面粉 | 液体油脂 | 海绵类蛋糕面糊 |

加糖打发的蛋液 + 低筋面粉 + 液体油脂 = 海绵类蛋糕面糊

最重面糊　　蛋 ： 糖 ： 面粉 ＝ 1：1：1

最轻面糊　　蛋 ： 糖 ： 面粉 ＝ 2：1：1

─◇ 配方比例的调整

　　不管分蛋还是全蛋的打法，海绵蛋糕的基本配方比例就是以全蛋：糖：面粉 ＝ 1：1：1 为基础，然后用调整比例或加入其他介质的方式，将面糊调整成自己喜爱的口感。变化比例时，最好是在以上公式的基础上，以全蛋比例为主，变化糖和面粉来调整面糊。

　　糖和面粉也建议以相同比例来变化，以免失衡。如果糖和面粉的比例减少，就会做出更轻更松软的蛋糕；相反，内部的海绵体纹理会比较粗糙，吃起来口感较干，弹力也较弱。

■ "全蛋" 打发面糊基本材料与制作过程

全蛋里加入糖一起打发，再加入低筋面粉和液体油脂混合。

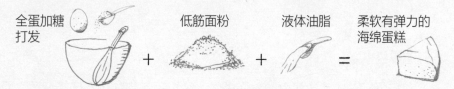

全蛋加糖　　　　　低筋面粉　　　　液体油脂　　　柔软有弹力的
打发　　　　　　　　　　　　　　　　　　　　　海绵蛋糕

⊡ "分蛋" 打发面糊基本材料与制作过程

将蛋白、蛋黄分开。利用蛋白的发泡性，再与蛋黄等材料混合。

蛋黄＋砂糖　　低筋面粉　　　充分打发　　液体油脂　口感较为干松的
　　　　　　　　　　　　　　的蛋白　　　　　　　　海绵蛋糕

（打发至泛白）

这两种打发方法烤出来的海绵蛋糕质感不太相同。

分蛋打发的海绵蛋糕面糊，是以打发的蛋白为基础，加入白砂糖，得到坚实的蛋白乳沫。

蛋黄和面粉切拌后，再加入打发的蛋白糖霜，会变成一个比全蛋打发流动性低的面糊。因为不易形成麸质，面糊连结性较差，所以烤出来的蛋糕口感较松散。

全蛋打发时，蛋黄的天然油脂会抑制蛋白的发泡，反而升高蛋的温度，减小表面张力，让全蛋更容易打发。

蛋白温度越低，越能打发出细致坚实的气泡。

Sponges
& Cakes

⏱ 操作技巧

打发蛋液（Whisking Egg）

将蛋打发成乳沫状再加入面糊中，烤出来的蛋糕体会比较细致，而且制作面糊的后半段再加入面粉和油脂，蛋白乳沫的大气泡被打散，但小气泡不会被破坏，可以保持住面糊的体积。烘烤的时候，如果大气泡很多，会将小气泡吸收过来而变成更大的气泡，让蛋糕体形成很多的孔洞。

另外，全蛋打发的面糊比分蛋打发的面糊流动性更大，烘烤后更为柔软。

加入面粉的切拌（Fold The Flour）

加入面粉时，有两点很重要：

1. 面粉一定要先过筛（Sift the Flour）：

　　没有过筛的面粉容易产生结块，无法搅拌均匀，而且被蛋液乳沫包住后，更不易在混拌过程中打散，因此烤好的蛋糕体里就会看见无法溶解的生面粉粒。

2. 切拌（Fold）：

　　不要过度搅拌，最好使用橡皮刀以切拌的方式让面粉混入打发的蛋液中，以免破坏蛋液的气泡，而让蛋糕膨胀的状况变差。"混拌到看不到面粉"是混拌完成的一个判断指标，看不到面粉时，再多混拌几下效果更好。

蛋白类蛋糕面糊 Meringue

　　这种蛋糕面糊里，因为不含蛋黄，是纯蛋白制作而成，口感更加轻盈。有些要注意的技巧是：

1. 蛋白温度越低，越能打出细致坚实的气泡。

2. 先将蛋白打散再打发。先打断蛋白中浓厚蛋白和水性蛋白的连结，否则水性蛋白会先打发，造成浓厚蛋白打发不匀。

3. 白砂糖要分次加入。白砂糖会吸收蛋白中的水分，让气泡不容易被破坏，同时也会抑制蛋白中蛋白质的空气变性，让蛋白不容易被打发。如果在第一次就加入全部的糖，蛋的打发程度就会受限了！

第一阶段：不加糖。在蛋白中打入大量的空气，形成大气泡。

第二阶段：加第1次糖。产生新的小气泡。

第三阶段：加第2、3次糖。大气泡分化成小气泡，形成均匀细致的打发蛋白。

材料使用秘诀

面粉（Flour）

蛋糕的组织及结构体主要是靠面粉的筋性支撑，一般都采用低筋面粉，才能制作出易碎、柔软、有弹性的蛋糕体。如果没有低筋面粉，可以用中筋面粉加玉米粉去调整。

面粉还有糊化的作用。它能吸收大部分水分而变成糊化状态，越来越膨胀，同时支撑着柔软的蛋糕体，有点像盖房子时使用的水泥。

糖（Sugar）

糖的甜味可以调整蛋糕的甜度。糖的吸湿性可以让蛋糕的水分不会很快流失，保持湿软度。糖还可以减缓淀粉的老化，延长蛋糕的保存期限。虽然减少糖量比较健康，但是无法得到一个膨松的蛋糕体，而且湿润度也大打折扣。

油脂（Fat）

油脂可以润滑面糊，让烘焙出来的蛋糕柔软好入口。固体油脂能融合大量空气，帮助面糊顺利膨胀。所以浓厚蛋糕类面糊所加入的蛋是不打发的，而是利用打发黄油的方式注入空气，让蛋糕膨胀，所以选用熔点38~42℃的固体油脂（无盐黄油）比较适合；乳沫类蛋糕，则选用色拉油为宜。两者最大的不同就在于油脂状态。

蛋（Egg）

蛋，除了提供色、香、味、膨大体积及营养之外，最重要的就是连结面糊，并且让面糊保持弹性，让烤好的蛋糕体不会萎缩，就像房子结构中的柱子。

使用蛋时要将冰箱里的蛋放置在室温下回温，或在刚开始打发时，用隔水加热的方式稍稍将蛋加热。温热的蛋，打发时泡沫更稳定轻盈，加入其他材料后，泡沫不容易破坏。泡沫越绵密烤出的蛋糕体越柔软。

乳化剂（SP）

大量的全蛋面糊拌入油脂是比较困难的，如果搅拌不匀，油脂会使面糊消泡而让整个蛋糕烘烤失败，但是不加油脂或乳化剂的蛋糕，质地又会干涩粗糙。

SP 是乳化剂，可帮助油脂融入面糊中而不会消泡，可延长面糊的放置时间，这对于制作全蛋海绵蛋糕很有帮助，所以现在蛋糕店制作全蛋海绵蛋糕时几乎都会添加乳化剂和大量的油脂。

塔塔粉（Cream of Tartar）

很多烘焙配方中都会有"塔塔粉"这一项无害的添加物，主要功能是作为"酸性剂"。塔塔粉是葡萄酒桶里自然产生的弱酸性结晶，来自葡萄里的酒石酸（Tartaric Acid），在酿造葡萄酒时，酒石酸会与其他物质半中和成酸性盐类，这就是塔塔粉。塔塔粉的功能如下：

1. 打发蛋白时加入，用来平衡蛋白的碱性，让泡沫洁白稳定，体积较大。
2. 可以和碱性的小苏打混合，调配成泡打粉（发粉）。
3. 做糖果或翻糖时加入，可以防止蔗糖反砂结晶。
4. 塔塔粉的酸性可使蔗糖转化，让蔗糖变成转化糖浆。
5. 可以使烘焙品的成品颜色纯白。

天使蛋糕只用了蛋白，如果不加入塔塔粉，会由于蛋白用量太多，又没有蛋黄和任何油脂作用，不但不易打发，也会让成品偏黄色。其他蛋糕，即使不加塔塔粉也没关系，可以加入 3 倍的柠檬汁来增加风味。

Sponge Cake 草莓海绵蛋糕

全蛋法面糊

草莓海绵蛋糕，是全蛋打发的基本海绵蛋糕。蛋糕在英国称 Cake，法国叫 Gateau，而德国、奥地利等国叫 Torte，都是蛋糕。蛋糕最早是作为婚礼甜品，参加婚礼的客人为了表达祝福，会将蛋糕放在新娘的头上切开，一起分享新人的喜气。

最早的蛋糕只是将牛奶和面粉揉在一起，做成扁圆形，就像面包一样。可以说蛋糕的烘焙是从用面包开始的，所以不必对各种烘焙品的相似性大惊小怪了！另外，全世界唱的生日快乐歌"祝你生日快乐（HAPPY BIRTHDAY TO YOU）"，是 1893 年来自美国肯塔基州从事教育的希尔姐妹（Patty Smith Hill 和 Mildred Hill），为课堂上的问候而创作的。原来这首歌的歌名是"祝你早安"，是课堂开始时相互问候的歌曲。

准备

烤箱温度
180℃

烘烤时间
25 分钟

使用模具
8 寸可脱底圆模

分量
8 人份

使用器具
刷子
过筛器
手持电动打蛋器
硅胶刮刀
钢盆
烤盘
筛网

 材料

蛋 150g

白砂糖 90g

低筋面粉 90g

新鲜草莓 8~10 颗

鲜奶油 少许

无盐黄油 10g

（涂蛋糕模，室温）

无盐黄油 30g

（融化）

糖粉 少许

小贴士

- 加入面粉和油脂时，避免过度搅打面糊或用打蛋器快速搅拌面糊，这种混合方式会让气泡消掉。没有气泡的面糊，无法膨松。

- 如果蛋不易打发，可以在一开始的时候，用隔水加热的方式打发。

 做法

1. 先将 20g 无盐黄油隔水加热，融化成液体油脂。

2. 将面粉过筛。

3. 将模具涂抹一层软化的无盐黄油，撒上薄薄一层手粉，将多余的粉抖掉。

4. 烤箱预热至 180℃。

打发全蛋

5. 全蛋打入钢盆中，打发至软性发泡（Soft Pick）。

6. 分两次加入白砂糖，同一方向搅打蛋液，打至浓稠状。将所有的糖加入，打发至硬性发泡（Full Pick）。

混合成面团

7. 加入过筛后的面粉。

8. 用刮刀以切拌的方式混合均匀，直到看不见面粉为止。

9. 用刮刀将融化无盐黄油切拌混合到面糊里，直到无盐黄油成液体线（像是流动的缎带）为止。

10. 将面糊由中心点倒入模具中，让面糊自然地摊开。

11. 轻提起模具，向下敲打数次，将面糊中的气体排出。

烘焙

12. 面糊表面平整后，放入烤箱烤 25 分钟。

13. 面糊膨胀后，将竹签插入，没有面糊粘黏即烘烤完成。

14. 将蛋糕体倒扣在蛋糕冷却架上放凉。

15. 在蛋糕体上简单地涂抹打发的鲜奶油。

16. 摆上新鲜的草莓，并撒上糖粉。

Taiwanese Sponge Cake
台湾传统蛋糕 | 全蛋法面糊 |

台湾传统蛋糕在台湾又名"布丁蛋糕"，不是因为里面放了布丁或者口感像布丁，而是因为形状像布丁才得名。传统蛋糕打着经典口味的名号在大街小巷贩售，很多人记忆中的蛋糕味就是如此。入口的绵密如同咀嚼着慕斯一样，这种形容一点也不为过！

市售的经典口味蛋糕之所以有这样的口感，就要说到秘密武器"SP"乳化剂。因为 SP 稳定了蛋糕的油水混合状态，所以做经典口味蛋糕时可以省略海绵蛋糕复杂的做法，将所有的材料均匀地混合在一起，烤出来的味道就是我们现在吃到的经典口味！当然，我不是在提倡使用乳化剂，但在商业的做法上为了稳定品质及达到最好的效益，加入稳定剂是很必要的！如果你和我一样也喜欢自然的味道，那就当做一堂课试试 SP 的效力吧！

准备

烤箱温度
180℃ / 165℃

烘烤时间
50 分钟

使用模具
中空圆纸模
2 个
（15cm 直径
×9.5cm 高）

分量
8 人份

使用器具
钢盆
立式打蛋器
（或电动手持
打蛋器）
硅胶刮刀
烤盘
刷子

 材料

蛋 175g（3 个）

白砂糖 85g

牛奶 70g

盐 1g

SP 9g

低筋面粉 85g

香草精 2 滴

融化无盐黄油 35g

杏桃果胶 适量

红樱桃、黑梅干、

蜜核桃 各 10g

 做法　**混合成面糊**

1. 将烤箱预热至 180℃，进烤箱前调至 165℃。将无盐黄油放入加热融化。

2. 将蛋、白砂糖、牛奶、盐、SP、面粉、香草精一起放入搅拌缸里，用高速搅打浓稠。

3. 加入液体的无盐黄油，搅拌至融合。

4. 用刀从钢盆底部刮起检查，确定无盐黄油已完全融入面糊中，继续搅拌几次。

5. 将面糊装入纸模（中洞烤模）里，拿起来轻敲几下，将大气泡震出。

6. 加入调味的蜜核桃、黑梅干和干的红樱桃，使其自然下沉。

烘焙

7. 放入烤箱，烤 50~55 分钟。

8. 烤好的蛋糕完全放凉后，将杏桃果胶加温融化，刷在蛋糕表面上。

9. 在蛋糕表面各粘上 3 个红樱桃和黑梅干，并均匀放上蜜核桃作为装饰。

小贴士

- 这款蛋糕水分较多，所以要将材料全部融合在一起，需要打入大量的空气，因此要使用电动打蛋器。
- 如果蛋是冰的，提前半天从冰箱取出，使其恢复常温或隔水加热到常温。
- 测试蛋糕是否烤好，可以轻压中间，没有浮动感就算烤好，否则继续烘烤。

Lemon Sponge Swiss Rolls

柠檬奶冻瑞士卷

分蛋法面糊

 准备

烤箱温度
230℃

烘烤时间
20 分钟

使用模具
烤盘（35cm×25cm×2cm）

分量
10 人份

使用器具 1.
（蛋糕底用）
钢盆 3 个
手持电动搅打器
打蛋器
过筛器
硅胶烤垫

使用器具 2.
（做内馅用）
钢盆 3 个
（泡吉利丁／搅拌内馅／冰镇用）
打蛋器
硅胶刮刀

使用器具 3.
（储存／切割用）
烘焙纸
主厨刀

瑞士卷（Swiss Roll），是一种夹了内馅的蛋糕卷。瑞士卷据说是来自中欧，但这可不是瑞士的特产，世界各国都有相似的蛋糕，叫法各不相同，但都是用蛋糕体包覆着不同的内馅而制成。

法国圣诞节时，会将巧克力酱裹在外面，做成像树干的蛋糕卷，叫做圣诞柴火（Bûche de Noël）。圣诞柴火是一段硬木树干，当地人会在圣诞节前砍下，从夜里燃烧到隔日，这是欧洲地区的传统习俗。英国东北部也有这个习俗，因此也有圣诞柴火这款蛋糕，他们称为 Yule Log，Yule 的意思是圣诞节。

113

 材料

白砂糖 ① 75g

蛋黄 6 个

白砂糖 ② 75g

蛋白 6 个

低筋面粉 125g

柠檬奶冻内馅材料

白酒 125g

白砂糖 110g

蛋 3 个

柠檬皮 1 个

柠檬汁 110g

吉利丁片 6 片

鲜奶油 375g

 做法

蛋糕底做法

1. 将蛋黄和白砂糖①搅打至泛白，呈现柔顺状。
2. 将蛋白和白砂糖②搅打至硬性发泡。
3. 将打发的蛋白分3次切拌到蛋黄中。

4. 将过筛的面粉，切拌到打发的蛋中。

5. 将蛋糕糊平摊在铺有硅胶烤垫的深烤盘中。

6. 放入预热至 230℃ 的烤箱中烤 20 分钟。

7. 取出，放凉备用。

柠檬奶冻内馅做法

8. 吉利丁泡在冷水里。

9. 混合蛋黄、白酒、柠檬汁、柠檬皮和白砂糖,用隔水加热的方式搅打至看不见白砂糖为止。

10. 去除吉利丁的多余水分,放入柠檬蛋黄汁里。

11. 将吉利丁完全溶解在蛋黄汁中。

12. 将鲜奶油打发至软性发泡。

13. 将柠檬蛋黄酱隔冰水冷却。

14. 将打发的鲜奶油慢慢加入冷却的柠檬蛋黄酱中，搅拌成轻盈的奶冻。

最后完成做法

15. 取掉蛋糕上的硅胶烤垫。

16. 将蛋糕的边缘修整平滑。

17. 均匀涂抹一层薄薄的柠檬蛋黄酱。

18. 用烘焙纸辅助，将蛋糕卷起，再用烘焙纸包住，放在冰箱备用。

19. 食用前，将蛋糕卷切成 4cm 宽的柱状。

🍵 小贴士

- 内馅口味可以自己调整。
- 做好的蛋糕体，如果没有用完，可以切好密封后放在冷冻室。使用时喷点水，使其恢复弹性即可。
- 如果没有硅胶烤垫，可以裁剪一张比烤盘稍大一点的烘焙纸，垫在烤盘上，方便完整取出蛋糕。

Chiffon Cake

戚风蛋糕 分蛋法面糊

戚风蛋糕的材料比例是，面粉：蛋：脂肪：糖 = 100：200：50：135。

这是利用蛋白霜的气泡所制成的松软面糊。由于没有加入黄油，而使用较轻的色拉油代替，而且水分也较多，因此口感十分湿润。

据说这款蛋糕是一名美国厨师发明的，除了使用海绵蛋糕所用的材料（蛋、面粉、糖和少量的油）之外，他还额外加入了植物油和水，借此增加了组织的湿度。但也因为水分较多，蛋糕体不容易膨胀，所以要加入烘焙发粉（Baking Powder）帮助发泡。有趣的是，烘烤的时候，蛋糕体要顺着烤模壁往上爬升，不然蛋糕会扁扁的！市面上的戚风蛋糕，大多用中间有孔、尺寸较小、深度较高的模具，就是为了方便蛋糕糊黏附。

准备

烤箱温度
170℃

烘烤时间
35 分钟

使用模具
8 寸可脱底式
蛋糕烤模

分量
8 人份

使用器具
钢盆 2 个
硅胶刮刀
打蛋器
过筛器

 **材料**

蛋黄 60g

色拉油 40mL

牛奶 80mL

香草籽 1/4 根

盐 1pinch

低筋面粉 90g

蛋白 125g

白砂糖 70g

无盐黄油 少许

（室温）

 做法　　**混合成面团**

1. 在蛋糕模上涂抹无盐黄油，再撒上薄薄一层手粉。

2. 将蛋白和蛋黄分置于不同钢盆中。

3. 将面粉过筛，烤箱预热至 170℃。

4. 将蛋黄打散，分次加入色拉油，搅匀。

5. 分次加入牛奶，充分搅匀。

6. 加入盐和香草籽，搅匀。

7. 将面粉倒入，搅拌均匀。

8. 面糊呈现平滑柔顺的状态，完成蛋黄面糊。

打发蛋白霜

9. 将蛋白缓缓打成软性发泡。

10. 分 2 次加入白砂糖，将蛋白打成硬性发泡。

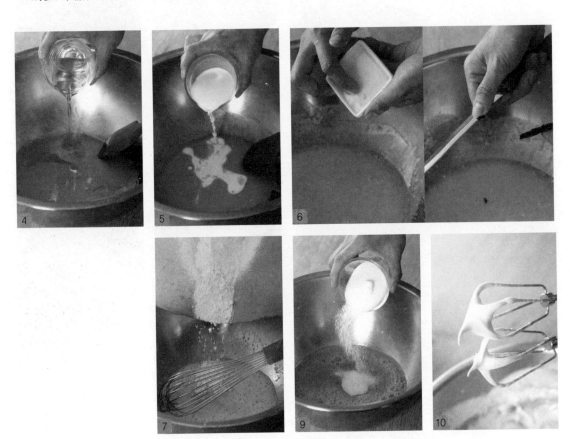

🐧 **小贴士**

戚风蛋糕制作要点

- 分蛋时要小心，勿使蛋白碰到色拉油、水或蛋黄。
- 白砂糖需分成两份，一份在蛋白打至起泡时加入，一份加在蛋黄中。
- 加入色拉油及牛奶时，加入一匙拌匀后，再加一匙。
- 面粉筛入后，轻轻拌匀即可，不要搅拌太用力或太久。
- 蛋白一定要打至硬性发泡，否则蛋糕易塌陷。
- 将蛋白霜与蛋黄面糊拌匀时，动作要轻且快，如果拌得太久或太用力，面糊会渐渐变稀。入炉烘烤时，面糊越浓，蛋糕就越膨松、不易塌陷。
- 初学者最好用活底烤模，因为戚风太松软，用活底烤模可方便初学者取出蛋糕。
- 模具涂油后，一定要撒手粉，因为戚风蛋糕的面糊需借助黏附在模具壁上的力量膨胀。

再次混合面糊

11. 将蛋白霜分 2 次加入蛋黄糊中，用切拌的方式让面糊变滑顺。

12. 将面糊倒入模具中至八分满。

13. 提起模具，在桌面上轻轻敲打，将多余的空气排出去。

烘焙

14. 将面糊放进烤箱烤 35 分钟。

15. 取出，倒扣放凉。

16. 约 30 分钟后，将蛋糕体取出（先脱侧体，再脱模底）。

 小贴士

戚风蛋糕常见的失败原因

- 蛋白沾到油、水、蛋黄而无法打发。
- 蛋白若没有打至硬性发泡，蛋糕在炉内烘烤时虽然膨胀得很高，但一出炉就会收缩塌陷。
- 蛋白打得太过会成棉花状，使得面糊与蛋白霜无法拌匀，蛋糕烤完后会有白色碎块。
- 蛋黄与白砂糖、植物油、牛奶等搅拌不匀时，烤好的蛋糕底层会有油皮或湿面糊沉淀。
- 泡打粉或塔塔粉受潮或过期，会使得蛋糕的膨胀力不足。
- 泡打粉不与面粉一起过筛而直接加入面糊中，会使烤好的蛋糕表面高低不平，一边膨胀得高，一边膨胀得低。
- 烤箱内温度太高时，容易使蛋糕外焦内不熟。
- 烤箱内温度太低时，虽然已到烘焙时间，但是蛋糕内部不熟且黏手，四周也会向内收缩，模具壁上仍有黏手的面糊。

Angel Food Cake

天使蛋糕　蛋白类蛋糕

天使蛋糕是由 100% 的蛋白制成，因为不含蛋黄，口感非常轻盈。但是这种蛋糕的制作方法，如果不看蛋黄这个部分，其实与海绵蛋糕没有不同，只是海绵蛋糕多了蛋黄的香气和油脂。两者吃起来都像在吃云朵一样！天使蛋糕的最大特色是 100% 打发蛋白。材料比例是面粉：蛋白：脂肪：糖 = 100：350：0：260。

准备

烤箱温度
180℃

烘烤时间
35 分钟

使用模具
中洞旋纹硅胶蛋糕模
（30cm 直径）

分量
4 人份

使用器具
钢盆
过筛器
打蛋器
硅胶刮刀
烤盘

材料

低筋面粉 125g
白砂糖 375g
盐 1/4 tsps
蛋白 12 个
柠檬汁 10mL
香草精 1/4 根
糖粉 适量
植物油 少许
（涂烤模用）

做法

混合成面团

1. 将烤箱预热至 180℃，蛋糕模涂抹上植物油。
2. 将面粉和 185g 的白砂糖混合，过筛备用。
3. 将蛋白、柠檬汁和盐混合，打发至干性发泡（Stiff Peak）。
4. 将剩余的白砂糖分次加入。
5. 加入香草精，拌匀。

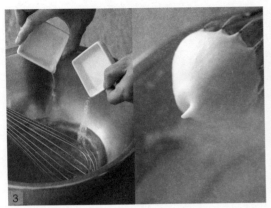

6. 将过筛的面粉和白砂糖，分次加入，拌匀。
7. 将面糊倒入蛋糕模中约八分满。

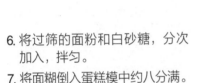

烘焙

8. 放入烤箱烤 35 分钟，烤至上色且熟透为止。
9. 取出，倒扣放凉后脱模。
10. 在蛋糕表面撒上少许糖粉，也可以与新鲜水果、鲜奶油一起吃。

小贴士

- 天使蛋糕通常都是使用较高中洞的专用模具，如果没有，也可以使用普通的蛋糕模。
- 这个配方中，我用柠檬汁代替了塔塔粉，所以不像市售的天使蛋糕般硬挺。如果你想使用塔塔粉，用 1.5 tsp 代替柠檬汁。

Pancake & Crepes

第二类 | 不打发的稀面糊

你知道松饼和可丽饼的区别吗？松饼用的蛋量只有可丽饼的一半；那可丽饼和煎饼又有什么不同呢？煎饼用的面粉比较多，蛋较少。而可丽饼和海绵蛋糕面糊的不同，就是海绵蛋糕不加牛奶，而且海绵蛋糕是将蛋打发而不是直接打散。这些面糊因为操作程序不同，操作技法不同，使用的锅具设备不同，就会不一样，而且更神奇的是，这些技法都是可以融会贯通的。例如，将煎饼的蛋白分离出来，打发后与面糊混合，就会变成较为膨胀而且体积较大的高松饼，所以不要被分类阻挡了你尝试混合所有技法的好奇心！

稀面糊就是不打发的液体面糊。将所有的材料混合在一起，下锅煎熟即可食用，所以成品也不会有轻盈的口感，适用于成品厚度较薄的蛋糕类甜品，例如煎饼，不但方便、简单，口味变化也很多！这种只要用煎锅就可以做出来的甜品，就是用基本的稀面糊（牛奶、面粉、蛋、黄油或其他油脂）做成的，搭配季节性的甜咸蔬果，就是早餐、早午餐、下午茶，以及宵夜的好搭档。

搅拌方法：直接搅拌法

使用面粉：低筋面粉

主角材料：面粉

液体：蛋：黄油：面粉 = 2：1：1/2：2 ＝煎饼

液体：蛋：面粉：油脂 = 1：1：1/2：1/4 ＝ 可丽饼（油脂可以不加）

⚘ 打发的稀面糊基本材料与比例

打散蛋液 + 液体 + 低筋面粉 + 油脂

（牛奶、水或豆浆）

= 打发的稀面糊

⊖ 配方比例的调整

· 可以将蛋黄与蛋白分开。蛋黄先与其他材料搅和均匀，再加入打发的蛋白，就会变成较为膨松的口感。

· 可以改变蛋液中蛋黄和蛋白的比例，不一定要用全蛋。可以多蛋黄少蛋白，但是在减少蛋白的情况下，其他液体（牛奶、水或豆浆）就要增加分量。

· 加入的液体可以用水、高汤、牛奶、豆浆或啤酒代替。

· 面粉可以用部分荞麦面粉调整。

Sponges
& Cakes

⏱ 操作技巧

· 烹调面糊之前，先让面糊休息至少半个小时。加入面糊中的面粉，会在这半个小时内充分吸收水分和油脂，让煎出来的饼口感更好。

· 煎饼和法式薄饼的成品呈现平坦的蛋糕形，关键在于面糊的均匀度。面糊里不要有没散开的颗粒，完美的面糊应该是可以均匀地穿过木匙，而且面糊的流速是不间断的。

Sponges
& Cakes

材料使用秘诀

面粉（Flour）

　　蛋糕的组织及结构体主要是靠面粉的筋性支撑，一般采用低筋面粉，才能制作出易碎、柔软、有弹性的蛋糕体。如果没有低筋面粉，可以用中筋面粉加玉米粉调整。

　　面粉还有糊化的作用。它能吸收大部分水分而变成糊化状态，越来越膨胀，同时支撑着柔软的蛋糕体，有点像盖房子时使用的水泥。

液体（水、牛奶或其他）（Liquid）

在这个面糊中，液体主要是调整面糊的浓厚度和味道，并且可以提高面糊成品的湿度。

糖（Sugar）

糖的甜味可以调整甜度。糖的吸湿性可以让水分不会很快流失，保持湿软度。糖还可以减缓淀粉的老化，延长蛋糕的保存期限。在这个面糊中，你可以减少糖量，但成品会减少湿润度。

油脂（Fat）

油脂可以润滑面糊，让烘焙出来的蛋糕柔软好入口。

蛋（Egg）

蛋，除了提供色、香、味、膨大体积及营养之外，最重要的就是连结面糊，并且让面糊保持弹性，让烤好的蛋糕体不会萎缩，就像房子结构中的柱子。

Crepes
可丽饼

可丽饼已经有一千多年的历史了，虽然原料只是简单的面粉、牛奶或水、蛋，将调和成的面糊倒入加热的平底锅上，摊平、煎熟、折叠即成。由于面皮很薄，质地很细腻。

我们可以将可丽饼的部分原料更改，牛奶可以用水或啤酒代替，而小麦面粉可以改成荞麦面粉，中间的馅料也可以做成甜的或咸的，所以变化性很大。

 准备

分量
8 人份

使用器具
钢盆
打蛋器
大汤匙
平底锅

 **材料**

低筋面粉 125g　　蛋 1 个
盐 1pinch　　　　无盐黄油 50g
牛奶 250mL　　　（室温）

做法

1. 将蛋打散，加入牛奶。
2. 加入盐。
3. 将面粉过筛，加入蛋糊中搅匀。
4. 将无盐黄油融化，拌入面糊中。
5. 将面糊放至冰箱至少 1 小时，休息一下。
6. 热锅，倒入面糊，将面糊摊开，厚度要很薄。
7. 下锅 10 秒后，将面皮翻面，再煎 10 秒即可起锅。

小贴士

- 可丽饼可以佐果酱和黄油，趁热吃，也可以在每一层隔上保鲜膜，再放入密封盒保存，食用时回锅煎热。
- 调和面糊时，不要过度搅拌，以免出筋。此外，搅好的面糊需要静置 1 小时，让蛋白质和分解的淀粉吸足水分，同时让气泡散去。

Pancake

美式煎饼

有哪一种甜点只需一个平锅就可以将稍稍混合好的面糊即时做好上桌？除了煎饼舍我其谁！每一座迷人的城市都会有一间美味的煎饼店，这是我在外留学时和当地人沟通感情后得出的结论。通常到了一个新的城市，大家不是带我去最有特色的餐厅，就是为我这个"华人"找到最美味的中国餐馆，可是最为大家赞赏的还是深夜造访的煎饼店！也许因为当时还年轻，对于店面的装修没什么要求，但是我老成的味蕾，总是躲不过蛋奶糊煎过后飘散在空气中的香气——黄油味加上浓厚的枫糖味。只是煎饼店都不会开在大街上，只有熟门熟路的朋友才会领你到无人的巷径内去品尝。所以如果有机会去西方国家，找一个宵夜时间，拜访当地的煎饼店，相信你一定会回味无穷！

准备

分量
1 人份

使用器具
钢盆
打蛋器
硅胶刮刀
大汤匙
平底锅

 材料

蛋 120g　　　泡打粉 1g
白砂糖 90g　　牛奶 40mL
盐 1pinch　　　融化无盐黄油 15g
低筋面粉 60g

 做法

1. 将蛋打入钢盆里，稍稍打发。
2. 分次加入白砂糖和盐，搅打成乳白浓稠状。
3. 加入泡打粉和过筛的面粉，用切拌的方式将面糊拌至看不到面粉。
4. 加入牛奶拌匀。
5. 用隔水加热的方式融化无盐黄油，将黄油加入面糊中，让面糊变成丝稠状。
6. 让面糊休息 30 分钟。

7. 热锅后，用汤匙
   舀入面糊，让面
   糊在锅子中间延
   展成大的圆形。

8. 煎至表面出现小
   气泡，翻面后再
   煎 1 分钟即可。

小贴士

上锅之前，要让面糊休息一下，让面粉充
分吸收水分及油分。

Quick Cake Paste

第三类 | 浓厚重黄油面糊

黄油面糊（Batter Cake）

这款面糊只要准备一只钢盆，陆续加入材料混拌在一起就可以制作出来，是较好操作的蛋糕面糊，而且成功率也很高。只要按照基本操作方法，将黄油打发，即可得到一个接近满分的重黄油蛋糕。

这个通过打发黄油（乳霜性）制作的蛋糕，是利用饱含空气的黄油让面糊膨胀，再用糖油拌合方式或粉油拌合方式制作的。它与打发蛋液来让面糊膨胀的海绵蛋糕有很大不同。黄油面糊在成品上会比较扎实，并且具有很浓郁的奶油味。

大量使用油脂，可以让成品的口感很湿润，而且厚重。

🥄 搅拌方法：直接搅拌法

🖊 主角材料：黄油

🥣 使用面粉：低筋面粉

🌸 黄油面糊基本材料与比例

黄油（半固体）　　砂糖　　　低筋面粉　　　蛋

BUTTER : 〔砂糖〕 : 〔低筋面粉〕 : 〔蛋〕 ＝ 1 : 1 : 1 : 1

🔲 黄油面糊基本材料与制作过程

糖油拌合法　黄油（半固体）+砂糖　　蛋液　　　低筋面粉　　　浓厚扎实的黄油蛋糕

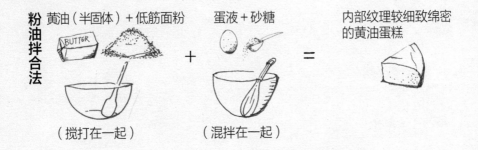

（搅打在一起）

粉油拌合法　黄油（半固体）+低筋面粉　　蛋液+砂糖　　内部纹理较细致绵密的黄油蛋糕

（搅打在一起）　　　（混拌在一起）

🍮 配方比例的调整

　　除了全蛋加入法，也可以试着先将蛋白打发，这样成品就会比较轻柔。拌合法不同，会得到不同的口感。

也可以维持蛋的比例，减少黄油或砂糖和面粉的比例来调整面糊，但最低比例不要低于 60%。

Sponges
& Cakes

操作技巧

拌合方法

糖油拌合法：拌合黄油和糖→加入蛋→加入面粉

粉油拌合法：拌合黄油和面粉→拌合蛋和砂糖→前两者混拌在一起

Sponges
& Cakes

材料使用秘诀

黄油（Butter）

黄油要放置在室温中，到手指可以压下去的硬度，过于柔软或已经融化的黄油，不适用于这个面糊。

黄油融化后，乳化性就会消失，搅打时空气很难进入，就算再放回冰箱固形，也无法恢复成原来的乳化性。

黄油拌合搅打的程度，不管是与白砂糖还是面粉，都要搅打至黄油由原来的黄色变成饱含空气后的白色。

蛋（Egg）

加入蛋的阶段就是所谓的乳化作用，将蛋液加入油脂中混合，使其变成具有光泽的乳霜状，只要乳化作用成功，面糊就成功了2/3。

加入蛋液时，蛋的温度要比黄油稍低一点，会有分离的现象，在刚刚分离时，可以加入面粉修复。

面粉（Flour）

面粉加入后会慢慢吸收水分，在持续搅拌的过程中会产生麸质，将分散的面糊变成糊状。要一直混拌至看不到面粉，面糊出现光泽。

如果选择粉油拌合法，可以多加一点面粉。因为面粉不像糖有那么强的吸湿性，所以粉油拌合后会比较湿，多加一点面粉可以吸收水分，帮助形成面糊。可以选择加入含有较多蛋白质的高筋面粉，因为蛋白质所产生的麸质，可以帮助面糊固化，并增加适当的弹性。但不建议加入太多，以免影响蛋糕体的膨胀。

速发浓面糊（Quick Cakes Paste）

在浓重的面糊里加入泡打粉或小苏打粉，使面糊在烘烤的时候膨胀，再加入糖、蛋和脂肪而成。速发的浓面糊，因为脂肪、糖和蛋的用量不像浓厚黄油面糊那么多，所以内部就不会像黄油面糊烤出来那么柔软、细致。但是速发面糊里的泡打粉或膨松剂，为这种蛋糕的形成节省了不少时间，省去了打发蛋的程序，利用膨松剂的作用，制作出快速又膨松的蛋糕。

搅拌方法：直接搅拌法

主角材料：泡打粉

使用面粉：低筋面粉

速发浓面糊基本材料与比例

蛋糕面糊 ＋ 膨松剂 ＝ 速发浓面糊

Sponges & Cakes

配方比例的调整

· 面糊的比例，可以通过加入油脂来调整糖分，并以油脂用量及是否要加入打发的蛋来调整。

· 因为有泡打粉帮助发酵，所以不用担心加入多少甜度，可以在面糊中加入水果、果酱等。

Sponges & Cakes

操作技巧

· 泡打粉的用量以 110g 的面粉 ＋ 5g 的泡打粉为最佳。

· 材料不要搅拌过度，否则形成筋性，会使成品变硬。

材料使用秘诀

油脂（Fat）

油脂可以润滑面糊，让烘焙出来的蛋糕柔软好入口。

蛋（Egg）

加入蛋的阶段就是所谓的乳化作用，将蛋液加入油脂中混合成具有光泽的乳霜状。

面粉（Flour）

面粉加入后会慢慢吸入水分，在持续搅拌的过程中会产生麸质，将分散的面糊变成糊状。要一直混拌到看不到面粉，面糊出现光泽为止。

泡打粉（Baking Powder）

加入泡打粉的面糊会因为加热而膨胀，但是由于其中的碱性碳酸钠会让成品略显黄色，所以如果想要制作白色的成品就不适合加入。

一般市售的泡打粉为万用持续型，可以从低温到高温持续产生二氧化碳而让面糊膨胀，所以很适合长时间烘烤的蛋糕。但是如果遇到"玛德莲"这种短时间烘烤、又一口气膨胀出裂纹的面糊，就比较适合迟效型的泡打粉。

Coulant au Chocolat

巧克力熔岩蛋糕

〖 黄油面糊〈糖油拌合法〉〗

又称岩浆巧克力蛋糕（法语：Moelleux au Chocolate，意为"有嚼劲的巧克力"），在美国别名叫做小蛋糕。这是一道法式甜点（法语：Petit Gâteau），外皮硬脆、内夹醇香热巧克力浆的小型巧克力蛋糕，通常旁边会附上一球香草冰激凌。

据说这道甜点是 90 年代一个厨师误打误撞发现的新做法（配方），本来是要烤巧克力蛋糕，结果从烤箱拿出来得太早，蛋糕中心还没熟，将错就错的结果反而大受好评。现在美国纽约市各家餐馆已发展出多种新口味，例如加入水果或威士忌等酒精饮料。

 准备

烤箱温度
200℃

烘烤时间
7 分钟

使用模具
椭圆形蛋糕模
（8cm×5cm×5cm）

分量
8 个

使用器具
刷子
钢盆 3 个
隔水加热汤锅
硅胶刮板
打蛋器
筛网

 **材料**

无盐黄油 200g（室温）	蛋黄 4 个
	蛋 4 个
糖粉 200g	中筋面粉 55g
苦甜巧克力 200g	巧克力粉 34g

143

做法

混合成面糊

1. 将模具轻轻刷上半融的无盐黄油，再撒上手粉。
2. 苦甜巧克力隔水加热到融化。
3. 将放至软化的无盐黄油用硅胶刮刀压散。
4. 加入糖粉，搅拌均匀。
5. 另一个钢盆打入蛋和蛋黄，打散。
6. 将无盐黄油加入打散的蛋液中，混合均匀。

7. 加入融化的苦甜巧克力，搅拌成有光泽的巧克力糊。

8. 将面粉和巧克力粉筛入，轻轻拌匀，完成巧克力糊。

烘焙

9. 将蛋糕糊填进烤模里，大约八分满。

10. 放入烤箱烤约 7 分钟，蛋糕裂开但里面还有糊状即完成。

小贴士

- 不要烤太久或烤到全熟，会失去熔岩蛋糕的特色，又变回巧克力蛋糕。
- 这种蛋糕最好趁热食用，不宜放太多天，毕竟它没有烤到熟透。

Fruits Pound Cake

重水果蛋糕

黄油面糊〈糖油拌合法〉

磅蛋糕最早起源于英国，它有另一个名字叫"重黄油蛋糕"。每个国家的磅蛋糕配方都不尽相同，有的会加上果仁，有的会加上其他香料（例如香草精），或加入泡打粉让烘焙出来的蛋糕体密度较小。最近美国还流行加入酸奶，成为酸黄油磅蛋糕，但主要的成分还是面粉、黄油、鸡蛋和糖，各自占 1/4 的分量。

这款蛋糕放越久味道越香醇。欧洲人通常会在周一制作出蛋糕，保存到周末再与亲朋好友一起享用，所以在法国又被称为"假期蛋糕"。以下是各国的材料比例：

美国: 各 1 磅（454g）的黄油、面粉、蛋和糖。

英国: 称之为海绵蛋糕（Sponge Cake），是用各 1/4 等份的自发性黄油、面粉、蛋和糖。

法国: 称这种蛋糕为"Quarte-quarte"，意思是 4 个 1/4 的黄油、面粉、蛋和糖。有时候他们会用部分打发蛋白代替部分全蛋，制作出较为轻盈的蛋糕组织。

准备

烤箱温度
180℃

烘烤时间
45 分钟

使用模具
造型硅胶模
（15cm ×
8cm × 6cm）

分量
3 人份

使用器具
钢盆
打蛋器
硅胶刮刀
筛网
滤网
烤盘

 材料

糖粉 250g
无盐黄油 250g（室温）
蛋 5 个（室温）
盐 1pinch
低筋面粉 325g
泡打粉 6g
综合干果 125g
杏仁 30g
朗姆酒 200mL（Rum）

 做法

混合成面团

1. 烤箱预热至180℃。
2. 将切碎的综合干果和杏仁泡在朗姆酒里至少 2 小时。
3. 将蛋打散备用。
4. 将糖粉和无盐黄油搅打均匀。
5. 将打散的蛋分 3 次加入。

6. 分次加入过筛的面粉、盐和泡打粉，直到面糊重新结合成缎状下垂的状态。

7. 去除综合干果碗里多余的朗姆酒，加入面糊里搅匀。

烘焙

8. 将面糊倒入准备好的模具里。

9. 在桌面轻轻敲打，将多余的空气敲出。

10. 将烤模放入烤箱烤 45 分钟。

11. 取出，脱模放凉。

小贴士

因为蛋糕会持续膨胀，所以面糊填入模具
里时，只要填到 7 分满即可。

Black Tea Pound Cake

红茶磅蛋糕 | 黄油面糊〈糖油拌合法〉

这是用打发蛋白加入面糊的方式做成的磅蛋糕。它的材料比例和原始磅蛋糕不同，但是，在比例和做法上同样属于重黄油系列，所以还是称它为磅蛋糕。

将蛋白另外打发，是比较偏向法式的做法，与原始磅蛋糕不同之处在于打发的蛋白给厚重的蛋糕增加了轻盈感，也算是将一般海绵蛋糕的技巧融会在磅蛋糕里了。

准备

烤箱温度
180℃

烘烤时间
30 分钟

使用模具
六孔玫瑰造型硅胶模（35cm×28cm，玫瑰8cm 直径）

分量
6 人份

使用器具
钢盆
打蛋器
硅胶刮刀
过筛器
挤花袋组
烤盘

材料

蛋 1 个
蛋黄 2 个
蛋白 2 个
白砂糖 40g
黄油 130g
二砂糖 50g
低筋面粉 160g
牛奶 40g
红茶粉 6g
盐 少许

做法

混合成面团

1. 烤箱预热至 180℃。
2. 将室温的无盐黄油搅散，加入二砂糖，打至黄油泛白。
3. 将蛋白稍稍打发后，分两次加入白砂糖，将蛋白打至湿性发泡，备用。

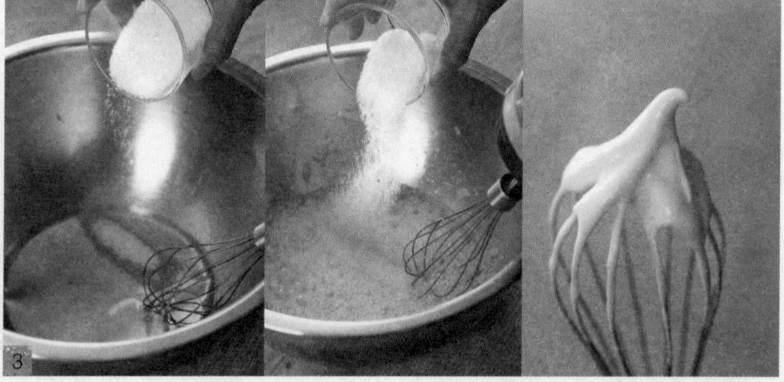

4. 加入 1 个蛋和 2 个蛋黄混合的蛋液。

5. 加入所有过筛的干粉材料（面粉、红茶粉和盐），拌匀。

6. 加入牛奶，但不要一次加完，以免水分过多。

7. 加入打发的蛋白，用切拌的方式混合。

烘焙

8. 将混合好的面糊放入挤花袋中，均匀地挤入模具里至八分满。

9. 放入烤箱 30 分钟即可取出，放凉后脱模。

🍙 小贴士

如果你使用的是正统磅蛋糕模，烘烤时间进行至 2/3 时，将蛋糕取出，在表面划一刀，可以让表面裂痕均匀。

Savory Pound Cake

咸味磅蛋糕 | 黄油面糊 |

这款蛋糕只是使用了磅蛋糕的基本原理，材料及比例还是以浓厚蛋糕为主。加入自己的创意就可以做出不同的配方！

 准备

烤箱温度
180℃

烘烤时间
35 分钟

使用模具
硅胶烤模
（8cm×18cm
×6cm，只使用
一半）

分量
8 人份

使用器具
锅子
木匙
过筛器
钢盆
刮板
硅胶刮刀
烤盘

 材料

内料
火腿 15g
培根 15g
洋葱 15g
蘑菇 15g
花豆 10g
四季豆 5g
风干番茄 10g
无盐黄油 5g（室温）
植物油 5g（室温）
盐 2g
黑胡椒粉 2g

葛瑞尔奶酪 50g
（切成 1cm 丁状）
小黄瓜 30g
（切成 2mm 圆片状）

面糊材料
低筋面粉 100g
天然奶酪丝 40g（切碎）
泡打粉 3g
蒜粉 3g
蛋 2 个
牛奶 100mL
千岛酱 20g

做法

■ 制作内料

1. 将所有的材料切成相同大小。
2. 起锅，将无盐黄油和植物油倒入锅中加热。
3. 将洋葱丁放入炒软。
4. 加入培根丁和火腿丁炒香。
5. 加入花豆丁、四季豆丁、蘑菇丁、风干番茄丁翻炒。
6. 加入盐和黑胡椒粉。
7. 将炒好的材料放凉备用。

■ 制作面糊

8. 将过筛后的面粉倒入钢盆，加入泡打粉和蒜粉搅拌均匀。
9. 将蛋打散，加入面粉里搅匀。
10. 加入牛奶，搅拌成滑顺状态。
11. 加入干岛酱和天然奶酪即完成面糊制作。

组合面糊和内料

12. 烤箱预热至 180℃。

13. 将冷却的内料倒入面糊中。

14. 用刮刀将内料和面糊搅拌均匀。

15. 将配料倒入准备好的模具里。

16. 将切好的葛瑞尔奶酪丁均匀撒入。

17. 在面糊上放一层切片的小黄瓜。

18. 将面糊放入烤箱烤 35 分钟。

19. 取出放凉即可。

🗇 **小贴士**

- 刚炒好的材料不可以直接放入面糊中，热度会导致油脂分层。
- 内料不要放入太多，以免影响面糊膨胀。

Sultana Friands

葡萄干松糕

速发浓面糊

"Friands" 这个单词与 Cupcake、Muffin 的用法没什么不同，都是由蛋糕面糊变化而来的。由于区域和国家不同，法国人用了 Friands 这个名称，并且在蛋糕配方中加入了杏仁粉，还可以加入不同口味的内料，例如蓝莓干、葡萄干或其他干果。因为有贵族的象征，有人说这款巴黎小蛋糕基本上是为了金融家（Financier）而做的。

 准备

烤箱温度
200℃

烘烤时间
12 分钟

使用模具
椭圆形模
（10cm×5cm×4cm）

分量
7 个

使用器具
钢盆 2 个
硅胶刮刀
手持电动搅拌器
烤盘
挤花袋
1cm 平口挤花嘴

 **材料**

杏仁粉 165g　　融化无盐黄油 130g
糖粉 130g　　　泡过水的葡萄干 45g
低筋面粉 45g　　蛋白 3 个
蛋 2 个　　　　白砂糖 10g
蛋黄 3 个

做法

混合成面团

1. 将无盐黄油隔水加热融化。

2. 去除杏仁粉结块，加入蛋、蛋黄以及过筛后的面粉和糖粉，用打蛋器
   打成浓稠的蛋糊。

3. 加入融化的无盐黄油，搅拌均匀。

4. 将洗过的葡萄干的水分彻底去除，加入面糊中拌匀，备用。

5. 将白砂糖分次加入蛋白中，搅打至中性发泡。

6. 将蛋白分次加入面糊里。

▶ 烘焙

7. 将模具刷上一层薄薄的无盐黄油。

8. 利用挤花袋将面糊挤入模具中，约 3/4 满即可。

9. 将烤箱预热至 200℃，烤 12 分钟即可取出。

🔹 小贴士

- 加入打发的蛋白，会让面糊稍稍膨胀，但不至于像杯子蛋糕或玛芬一样膨胀得很大。另外，加入泡打粉后，烘烤时面糊容易溢出，所以加入模具内的面糊量以不超过3/4为主。
- 法国做这款小蛋糕并没有特定的模具，所以只要使用小小的模具就符合这款小蛋糕的精髓了。

Muffin
苹果肉桂玛芬 `速发浓面糊`

制作玛芬的成功率很高，和杯子蛋糕很像！与蛋糕的基础款"海绵蛋糕"最大的不同点是，玛芬不用先将蛋打发，而且所含的油脂较高，所以烤出来的口感比较湿润。制作时需留意以下几点：

粉类材料过筛

可以避免泡打粉或小苏打粉搅拌不均而造成膨胀不均匀，也可以缩短面糊的搅拌时间，更轻松、快速地完成。

不要搅拌过久

玛芬是靠泡打粉和小苏打粉帮助面糊发酵和膨胀，如果搅拌过度，会使有限的膨胀力降低，面糊也会出筋，使膨胀更加困难，烘烤的成品就会变得过于硬实。

黄油需软化或隔水融化

玛芬的基本拌合法适合加入液体的黄油，所以需要将奶油先隔水加热，帮助面糊和油脂均匀地融合。

不要装填过满

玛芬面糊会在烘烤时膨胀，装填时要注意高度一致，外形才会漂亮。而且，不能装太满，不超过八分满为原则，否则当面糊开始膨胀时，外皮还没有定形，面糊就会从四周流出来。

准备

烤箱温度
200℃

烘烤时间
35 分钟

使用模具
硅胶玛芬杯

分量
16 个

使用器具
钢盆 3 个
硅胶刮刀
打蛋器
木匙
刷子
烤盘

 材料

低筋面粉 280g（+8g 用于混拌苹果）

泡打粉 6.5g

盐 5g

肉桂粉 4g（+2g 用于混拌苹果）

苹果 1 个

无盐黄油 113g（室温）

白砂糖 224g

蛋 2 个

香草精 2tsp

牛奶 150mL

胡椒 少许

外表装饰

融化无盐黄油 113g

白砂糖 110g

肉桂粉 3g

 做法

混合成面糊

1. 烤箱预热至 200℃。

2. 将面粉、泡打粉、盐、胡椒、肉桂粉过筛到钢盆里。

3. 将切成丁的苹果蘸裹一点面粉和肉桂粉，备用。

4. 将无盐黄油和白砂糖搅打到变白，大约 3 分钟。

5. 加入蛋黄和香草精。

6. 加入粉料，稍微翻拌后加入牛奶（不要全部加入）。

7. 加入苹果丁，用翻搅的方式混合均匀。

烘焙

8. 将面糊倒入玛芬模具里至 2/3 满。

9. 放入烤箱烤约 30 分钟。

10. 取出，稍稍放凉。

装饰

11. 将 113g 无盐黄油与 110g 白砂糖和 3g 肉桂粉混合。

12. 将放凉的玛芬取出，刷上黄油溶液。

13. 蘸裹上一层肉桂糖粉即完成。

🧑‍🍳 小贴士

混合面糊时，不要过分搅拌将筋度带出来，这样才能制作出松软口感。

Banana & Coconut Cake

香蕉椰子蛋糕 速发浓面糊

　　这也是浓厚蛋糕面糊的变化版。将黄油和糖打至泛白后，加入自己喜欢的调味干料（果仁、新鲜水果、糖浆等），再加入粉料调整面糊的湿度。在这款面糊里，我刻意不加入蛋，只用椰奶、蜂蜜及香蕉本身的汁作为调和用的液体。当然，你也可以加入蛋来增加蛋糕的香气，这样就等于要减少其他液体材料的分量。这个配方中，使用了多种粉料，但要记得每种粉料的密度不同，所以不能完全代替面粉，只能使用少量，最大的功能还是在于调味和增加口感。

 准备

 材料

A	B	C
高筋面粉 30g	融化无盐黄油 10g	香蕉 1 根
低筋面粉 100g	香草精 3 滴	二砂糖 100g
杏仁粉 30g	牛奶 60g	
椰子粉 30g	香蕉 2 根	
泡打粉 2tsp	蜂蜜 60g	
二砂糖 20g		
盐 1pinch		

烤箱温度
180℃

烘烤时间
25 分钟

使用模具
8cm×5cm
×3cm
蛋糕模具

分量
8 人份

使用器具
刷子
钢盆 2 个
打蛋器
硅胶刮刀
过筛器
叉子
烤盘

做法

混合成面团

1. 将模具内侧涂上一层薄薄的无盐黄油（材料之外的无盐黄油）。

2. 在模具内侧撒上手粉，使面粉均匀蘸裹在模具上，并将多余的粉去除。

3. 烤箱预热至 180℃ 。

4. 将 B 材料中的香蕉用叉子压碎，备用。

5. 将 B 所有材料加入香蕉中，搅打均匀。

6. 将 A 材料中所有过筛的干料（除面粉之外）倒入 B 材料中，拌匀。

7. 将 A 材料中的面粉过筛，加入面糊中。用刮刀从下往上翻搅，将材料搅拌到看不见颗粒为止。

烘焙

8. 将搅匀的面糊倒入模具中。

9. 轻轻敲打，让多余的空气排出来。

10. 将 C 材料的香蕉切成 1cm 厚，摆放在蛋糕糊表面。

11. 在香蕉上面撒上二砂糖。

12. 将烤模摆在烤盘上，烤 25 分钟即可取出，脱模后放凉。

🦁 小贴士

因为浓厚蛋糕含有大量的油脂和糖分，可以延缓面团的老化，所以这款蛋糕可以保存在室温下至少两天，吃起来油脂及水分依然充足。

Chapter 3

Sweet & Short Pastry

塔皮面团

　　Pie、Flans、Tarts、Tartlets 、Linzer 指的都是塔皮面团的烘焙成品，在不同的国家和不同做法之下而有了不同的名字。只要是上层没有覆盖，烤好的面团入口酥脆、深度较浅的都可以被称为塔或派。塔，不但可以成为甜品，也可以做成咸品。甜品，在塔皮的中间会挤上卡仕达酱，再放上水果或果仁类，或者加入烘烤后会凝固的液体内馅（如巧克力馅、柠檬蛋馅、杏仁馅等）；而咸品，会在馅料上加入奶酪、肉类或蔬菜，并且糖分会减量。

　　小一点的塔皮，会称为"Tartlets"，适合做成派对的小点心，也可以作为派酥"Pie Crust"，大多是将面团抓碎铺在水果上烘烤，有时候也作为蛋糕的底层或甜点的底层等运用，甚至可以作为饼干的基础面团。

　　主角材料：黄油

　　使用面粉：低筋面粉

塔皮面团基本材料和比例

面粉　　　油脂　　　糖

 ： ：　　　＝ 3 ： 2 ： 1 or 1 ： 1 ： 2

Sweet &
Short Pastry

在厨艺教科书里，会将这种面团称之为 3 - 2 - 1 面团（也有人用 1 - 1 - 2），从技术上来说，用手、食物调理机或搅拌机来搅拌都可以。但是用手需要比较久的时间，在室温及手温的影响下，会让油脂受热变得太软，面团的温度会决定塔皮口感的好坏。

这种利用黄油的酥脆性制作的塔面团，用水量较海绵蛋糕或其他面团要少，主要通过增减黄油来改变配方。

为了制作出酥脆口感的塔皮面团，除了注意揉面团的手法外，快速的制作过程是关键。做这种面团常遇到的问题有两个：

1. 烤好的塔皮缩皱：面团过度糅合或面团在擀开之前没有充分休息，都会造成这个结果。

2. 烤好的塔皮黏附在烤盘上，无法顺利脱模：除了没有预先在模具上涂油外，面团在擀开之前没有充分休息以及加入过多的水分也是影响因素。

— 配方比例的调整

　　塔面团是利用黄油的酥脆性制作出酥脆的口感。如果想进行变化，可以通过增减黄油的使用量，并改变糖分及粉类的使用量，创造出属于自己的塔皮配方。

■ 两种塔皮制作方法

黄油法（Creamed Method ）—— 将软化的黄油单独搅打成乳霜状，或加入糖搅打成乳霜状作为此面团的开始。

软化黄油＋糖　　　　分次加入液体材料　　　粉状材料

　　　　　　　　　　　　（蛋或水）　　　　（面粉及其他）　　　　松脆口感、
　（打发）　　　　　　　　　　　　　　　　　　　　　　　　　　组织较为粗糙的
　　　　　　　　　　　　　　　　　　　　　　　　　　　　　　　塔皮面团

砂状搓揉法（Sablage）—— 将固体的黄油与面粉混合，搓揉成砂粒状的松散状态作为此面团的开始。

固体黄油　　　　　面粉及其他粉料　　　液体材料

　　　　　　　　（用手搓揉成砂粒状）　　（蛋或水）　　　　酥脆口感、
　　　　　　　　　　　　　　　　　　　　　　　　　　　　组织较为膨胀且
　　　　　　　　　　　　　　　　　　　　　　　　　　　　扎实的塔皮面团

材料使用秘诀

面粉（Flour）

这是形成塔饼的主要成分，淀粉在烘烤过程中会吸收水分而让烘焙物产生糊化作用。面粉中的蛋白质会形成有黏性的麸质，加热后让面团变硬，成为坚硬的塔皮。

蛋（Egg）

蛋黄能帮助面团的结合和材料的连结，塔皮面团加入蛋顺利乳化后，会慢慢变硬。你一定感到奇怪，为什么加入的蛋量增加，面团反而更硬？这是因为蛋中含的水量有助于淀粉的糊化，和黄油中的油脂相互作用，油水的摩擦造成水分无法自在地流动，所以加入蛋可以调整面团的硬度，让塔皮更容易成形。

向黄油里加入蛋时，要分次加入，因为黄油里的"油"和蛋所含的"水"是不相容的，如果混合不匀就会产生分离的状态。但是如果蛋加得太多，温度变太低，会让黄油凝固而无法混合均匀。

黄油（Butter）

黄油的品质决定了塔皮的味道和口感，它除了可以给塔皮提供酥脆感和香气之外，还可以抑制麸质的形成，防止淀粉黏结。黄油能否给予这款面团酥脆感，也与操作时的速度和温度有关。如果是柔软的乳霜状黄油，它会均匀分散在面团中，糅合较软的面团，在操作上较为困难，因此要避免过热的油分溶出使面团太过柔软。

烤塔皮的时候，融化的黄油会渗入麸质里，烘焙温度升高时，黄油就像在油炸麸质一样，可以制作出口感酥脆的成品。

黄油量少，面团会很结实，需要加入较多的水分让面团变得好操作，而且油脂较少的面团，烘烤时容易皱缩（Shrink），烤完后的成品较硬，松脆感也会消失。

砂糖（Sugar）

可以使用白砂糖或糖粉，糖的品质影响着塔皮的甜度、颜色和脆度。甜塔皮在使用前需要休息一段时间，可以让原本结晶的糖分完全溶解，同时也给液体极少的塔皮面团注入一些水分，让操作更顺利。如果糖加得太多，在烘烤过程中，糖分不能完全溶化，容易被焦糖化。

也就是说，砂糖增加，硬度增加，甜度也会增加。

Sweet &
Short Pastry

⏱ 操作技巧

整形入模（Lining of the Tins）

塔皮入模时，要防止空气进入塔皮和模具之间，特别是底部及周边的接合，要用指尖去整合塔皮和模具的密合度，如果不密合，气体就容易进入空隙，烤出来的塔皮不均匀。

打孔（Docking）

用打孔滚轮在擀平的面皮上滚出孔洞，再铺入模具中。或用叉子在面团底部扎出孔洞，作用是让面团和烤盘间保留一些空隙，让产生的热气体可以自由流动。没有打孔的面团，底部的气体因为无法排出，会滞留在中间，使得塔皮的底部形成凸起。

不打孔的塔皮，可以在盲烤的时候将烘焙豆子压在塔皮上，由于塔皮无法隆起而得到一个平整的底皮。如果要烤成全熟的塔皮，烘烤到半熟后，将烘焙豆子取出继续烘烤，塔皮就能均匀地烤熟，上色也更加均匀。

盲烤（Blind Baking）

有很多种的塔或派需要将塔皮先烤至全熟或半熟，注入酱料后再放回烤箱继续烘烤，或是烤好直接注入馅料和新鲜水果。所以没有加入馅料的塔皮放入烤箱烘烤时，为了防止热空气的流动让塔皮隆起，会将烘焙纸和烘焙豆子放在塔皮上，这个过程叫做盲烤。

储存面团（Storage）

对于生的塔皮面团，可以在糅合好面团后，将面团分成几份，用保鲜膜包紧，储存在冰箱里。使用前，将面团放置在室温中，回复至手指可以压下去的程度即可进行整形。冷藏的面团建议不超过两天，但是冷冻的面团可以放置在冷冻库一个月以上。

已经烤过但还未填入馅料的塔皮，需要储存在密封的容器里，否则水分容易被塔皮吸收而变软。填入馅料的塔，建议在短时间内吃完，不要超过一天。如果放在冷冻库中保存，不要烤得太熟，因为放回烤箱里回温时，热度会继续作用于面团。

Sweet Pastry

甜酥面团塔皮

黄油法

 准备

分量
2 个 8 寸塔皮

使用器具
钢盆
过筛器
木匙
保鲜膜
四方深盘

 **材料**

无盐黄油 200g（室温）	蛋 50g（室温）
糖粉 100g	低筋面粉 300g
盐 2g	

做法

制作面团

1. 将无盐黄油切成小块，放在室温中让它自然变软。

2. 放在钢盆中，用木匙以绕圈的方式搅散。

3. 分 3 次加入糖粉，让糖粉和无盐黄油充分混合均匀。

4. 分 3 次加入打散的蛋液，混合均匀。

5. 加入过筛的面粉和盐，用木匙搅拌至看不到残留的粉。

6. 再用刮板将材料由上往下按压，整形成一个面团，放置在保鲜膜上。

7. 压成饼状，用保鲜膜包起来，避免面团接触空气。

8. 将面团放入 4℃以下的冷藏室，饧发 4 小时。

小贴士

- 面团放入冰箱后，黄油会慢慢渗入其他材料中，混合地更为均匀。但是，不能在冰箱冷藏超过 3 天，否则油脂会渗透出来，所以塑形要在 3 天内完成。
- 用糖粉代替白砂糖，是因为白砂糖较粗的颗粒会让口感变得更软，连结性也比较弱。而糖粉因为会均匀地散布在面团上，能将擀好的面团紧紧地连结在一起。

塑形

9. 将面团放置室温稍稍退冰。

10. 在工作台上均匀撒上手粉（确认工作台上没有残留物）。

11. 用擀面棍敲打面团，使其稍稍松弛。

12. 从中心向外擀开。

13. 将面团均匀擀成 0.3cm 厚的面皮，要小心面皮不要黏附在工作桌上。

14. 去除面皮上多余的粉。用擀面棍从面团最前端开始卷起。

15. 从烤模的最前方慢慢放置面皮，直到覆盖整个烤模，拉平。

16. 用手指协助先将面皮铺满底部，然后黏合在侧边烤模上，最后去除模具外多余的面皮。

17. 用叉子在面皮上叉出小洞。

18. 放入冰箱饧发 1 小时以上再使用。

小贴士

- 为了避免黏附，可以在擀面棍上抹上手粉。为方便操作，可以将面团放置在摊开的保鲜膜上操作。
- 可以用刷子去除面皮上的手粉。

Short Pastry

脆皮面团塔皮

砂状搓揉法

 准备

分量
2个8寸塔皮

使用器具
过筛器
钢盆
擀面棍
四方深盘

 材料

无盐黄油 215g（室温）　牛奶 25g
低筋面粉 165g　　　　　白砂糖 30g
高筋面粉 165g　　　　　盐 6g
蛋 62g

做法

制作面团

1. 将蛋、牛奶、白砂糖和盐搅拌均匀，放入冰箱冷藏。
2. 将在室温中稍稍放软的无盐黄油用擀面棍敲打至软化。
3. 将两种面粉过筛备用。
4. 将无盐黄油用手撕成小块，与过筛的面粉搓合在一起。（在此之前的步骤可以用食物调理机来代替。）
5. 双手快速地摩擦、混合无盐黄油和面粉，直到看不到无盐黄油颗粒为止。
6. 蛋液分5次加入，用两手轻轻搅拌混合。
7. 两掌手心握住所有材料，揉压成一团。
8. 放入冷藏室4小时以上，让面团饧发。

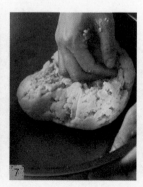

塑形

9. 将面团取出，放在撒有手粉的工作台上。

10. 将面团敲松，然后擀成 0.3cm 厚的圆形。

11. 用刷子去除多余的粉。

12. 用擀面棍卷起面皮。

13. 将面皮摊在涂有无盐黄油的模具上，将边立起，贴住模具的边。

14. 将多余的面皮去除，在面团上扎洞后放至冷藏室备用。

🐧 小贴士

- 将面皮放入模具时，不是用压入的方式，而是折进去，让面皮完全贴合模具的边角，这是为了预防面团烤后缩小。
- 砂糖有抑制麸质形成的作用，但是由于本面团砂糖含量较少，所以面团受热后很容易软化，烤好后会缩小。
- 如果在操作过程中无盐黄油过度软化或出油，要立即放回冷藏室，稍硬后再继续后续的操作。
- 制作面皮时，工作台或所有的用具都可以先冷藏起来或远离高温的地方制作。

Tarte Caribe

巧克力塔

由于成本的关系，一直以来巧克力塔只有在高档的咖啡厅才会出现。其用料的好坏决定了巧克力塔的成败！

在 2009 年澳大利亚版的"厨神（Master Chef Australia）"比赛节目中，这道甜点被选为决赛的关键料理，之后还被标榜成"澳大利亚最有名的甜品（Australia's Most Famous Dessert）"。在英国节目"Naked Chef"中，名厨 Jamie Oliver 也做了这道甜点，给当时还是女朋友的老婆吃，所以你就知道它有多么受欢迎了。

 准备

烤箱温度
200℃

烘烤时间
15 分钟

内馅加入后
烘烤时间
15 分钟

使用模具
3 寸花形
可脱底模 5 个

分量
5 人份

使用器具
擀面棍
烘焙豆子
叉子
烘焙纸
烤盘

 **材料**

塔皮
甜酥面团
（做法参考
P.178）

巧克力馅
蛋 1 个
蛋黄 1 个
黑糖 20g

苦甜巧克力 120g
动物性鲜奶油 120g

185

做法

塔皮做法

1. 将面团放至稍软后，擀平面团，用擀面棍轻轻卷起，反方向在烤模上摊开。

2. 将塔皮轻轻下压，让塔皮贴紧底部和边缘。

3. 用擀面棍滚压边缘去除多余的塔皮。

4. 用叉子在底部扎洞。

5. 在塔皮上铺上烘焙纸，再放上烘焙豆子，进行盲烤。

6. 烤箱预热至 200℃烤 15 分钟。

7. 取出塔皮，移除烘焙豆子，在塔皮底涂上一层薄薄的蛋黄，再烤 2 分钟。

煮巧克力内馅、完成

8. 将蛋和蛋黄打散，加入黑糖，用直线打法将黑糖打散。

9. 煮鲜奶油，快沸腾时关火备用。

10. 将煮开的鲜奶油倒入切碎的苦甜巧克力里，用余温将苦甜巧克力融化，搅拌成有亮泽的巧克力酱。

11. 将巧克力酱倒入准备好的蛋液中，分两次倒入，并轻轻搅拌，不要让空气进入酱汁里。

12. 将混合好的巧克力酱倒入塔皮里。

13. 放入烤箱烘烤 15 分钟，竹签插入不粘黏即可出炉。

🍯 小贴士

盲烤的塔皮取出后涂抹蛋黄，因为巧克力酱是胶状的液体，倒入塔皮后容易从小孔流出去，而蛋黄可以形成脂肪膜，防止液体流出去。

Lemon Tart

柠檬塔

法国的柠檬塔最早起源于法国南部城市蒙顿（Menton）。盛产柑橘类的蒙顿，每年二月都会举办柠檬节。这个嘉年华始于西元 1934 年，当地政府鉴于每年的嘉年华都会带来数以万计的游客，于是以当地的特产柠檬为主题，设计出这个与众不同的节日，以带动蒙顿地区的观光事业。

柠檬节期间，每年平均有 5 万吨的柠檬用于各项活动，其中柠檬塔始终是节庆的一大亮点。由于柠檬塔的独特好滋味，现在法国的甜品店、咖啡厅或下午茶坊都可以看到它的身影。

在电影《吐司：敬！美味人生》（Toast）中，小男孩 Nigel 和继母比拼的柠檬塔，其黄澄澄的柠檬黄油馅，让荧幕前的观众看得垂涎三尺。

准备

烤箱温度
200℃

烘烤时间
10 分钟盲烤
30 分钟加料后烘烤

使用模具
6 寸可脱底
花形派盘

分量
6 人份

使用器具
小汤锅
小钢盆 2 个
木匙
滤网
烘焙豆子
烘焙纸
刷子
量杯
打蛋器
榨汁器
烤盘油
刮皮刀
叉子
烤盘
擀面棍

 材料

塔皮材料

脆皮面团
（做法参考 P.181）

柠檬黄油液材料

柠檬汁 3 个

柠檬皮 1 个

蛋 3 个

蛋黄 2 个

鲜奶油 125g

二砂糖 125g

柳橙汁 10mL

 做法　　**塔皮做法**

1. 将烤模涂油备用。

2. 擀制塔皮前 30 分钟，将塔皮从冰箱拿出来，在室温下放至手指可下压的程度。

3. 在工作台上撒少许手粉。

4. 将塔皮压扁，用擀面棍擀至 0.3cm 厚，比模具略大一点。

5. 用擀面棍卷起塔皮，在模具上铺开。

6. 将底部和边缘整形后，用擀面棍滚压边缘去除多余的塔皮。

7. 用叉子在底部扎洞，再放入冷冻室休息 20 分钟。

8. 将塔皮放入预热至 180℃ 烤箱盲烤 10 分钟，出炉备用。

🧑 **小贴士**

- 去除多余的塔皮时，不要让塔皮挂在模具边缘，如果有黏附的塔皮，烤完后不容易脱模。
- 为了避免塔皮烤不熟，常用"盲烤法"，先将塔皮烤至半熟以上，铺上烤纸后用米或重石压住，继续烘烤。
- 压住塔皮的米、红豆或绿豆可以重重使用，也可以直接到烘焙行买烘焙豆子。
- 糅合面团时，液体不要一次加足，用手感去调整液体的量。
- 这个面皮也可以擀成 0.3cm 厚，用压模压出形状，再撒上一些海盐，就成为很好吃的海盐饼干。
- 剩余的塔皮屑可以压合在一起，用保鲜膜包起，放入冷冻库保存，或冷却定形后取出继续使用。比较适合用来做饼干，用于塔皮会容易缩皱。

柠檬蛋液做法

9. 将水煮开后转小火，将装有鲜奶油的钢盆放在汤锅上。

10. 加入二砂糖后，搅拌至溶解。

11. 将柠檬皮、柠檬汁、柳橙汁及蛋液加入温热的鲜奶油中，混合均匀备用。

12. 将钢盆在桌面上敲 5 下，让表面的气泡消除。

完成柠檬塔

13. 将生塔皮压上烘焙纸和烘焙豆子，以 200℃ 烤 12 分钟（边缘烤出淡淡的黄色）。

14. 取出，将烘焙豆子和烤纸移开，在塔底涂上一层蛋黄，再放入烤箱烤 2 分钟。

15. 将准备好的柠檬蛋液倒入烤至半熟的塔皮里。

16. 放入烤箱烤 30 分钟，待外侧烤出较深的颜色，而且柠檬液呈现不流动的状态即可。

🧑 小贴士

- 隔水加热的水温维持在 80℃ 最佳。
- 蛋液如果因太热结块，用滤网过筛后再使用。
- 这款塔不适合冷藏，最好在烤好两天内吃完！
- 这款塔一定要等冷了以后再切开，如果还热的状态就切，中心会呈现不熟的状况，而且切面会因中心太软不成形。

Quiche

咸派

法式咸派又称洛林乡村咸派、洛林咸派，是用鸡蛋、牛奶和鲜奶油混合制成派皮，作为派馅的基础，再加入咸料一同烘烤的点心，是法国传统的炉烤美食。它的派皮通常先经过盲烤，再加入其他食材，如熟煮的碎肉、蔬菜或奶酪等。送入烤炉前加入蛋液，一同放入烤箱中加热。

虽然法式咸派是法国饮食文化中的经典美食，但是它的外文名"Quiche"其实是源自德语的"Kuchen"，意思是点心。

准备

烤箱温度
180℃

烘烤时间
10 分钟盲烤
30 分钟加料后烘烤

使用模具
8 寸深派盘

分量
10 人份

使用器具
烤箱
炒锅
钢盆
木匙
派盘
烘焙豆子
烘焙纸
刷子
量杯
打蛋器
榨汁器
烤盘油
刮皮刀
叉子
烤盘
擀面棍
保鲜膜

 材料

派皮材料

脆皮面团

（做法参考 P.181）

咸派材料

8 寸盲烤 10 分钟
之咸派皮 1 个

无盐黄油 20g
（室温）

切丁培根 80g

新鲜切碎香菇 50g

洋葱丁 50g

蒜末 10g

意大利香料 1g

披萨奶酪 200g

蛋液材料

蛋 3 个

鲜奶油 150mL

盐 少许

胡椒 少许

豆蔻粉 1/2tsp

肉桂粉 1/2tsp

辣椒粉 1/2tsp

 做法

咸派做法

1. 将无盐黄油加热融化，加入培根拌炒，
   再加入其他材料炒软。

2. 用少许的盐和胡椒调味。

3. 将炒好的材料放凉备用。

4. 将蛋打散，加入鲜奶油、盐、胡椒、豆蔻粉、肉桂粉和辣椒粉调味，搅匀。

派皮做法

5. 将烤模涂油备用。

6. 擀制派皮前 30 分钟，将派皮从冰箱拿出来，在室温下放至手指可下压的程度。

7. 在工作台上铺上比模具直径大两倍的保鲜膜，撒上少许手粉，将派皮放置在上面。

8. 将派皮压扁，将保鲜膜覆盖上去，用擀面棍擀至 0.3cm 厚，比模具略大一点。

9. 打开保鲜膜，用擀面棍卷起派皮，在模具上铺开。

10. 将底部和边缘整形后，去除边缘多余的派皮。

11. 用叉子在底部扎洞，再放入冷冻室休息 20 分钟。

12. 将派皮放入预热至 180℃烤箱盲烤 10 分钟，出炉备用。

13. 将放凉的馅料倒入烤至半熟的派皮中，并撒上披萨奶酪丝。

14. 将调好味的蛋液倒入派皮中至九分满。

15. 将派放入预热至 180℃的烤箱里，烤 30 分钟即可出炉。

🦁 **小贴士**

- 去除多余的派皮时，不要让派皮挂在模具边缘，如果有黏附的派皮，烤完后不容易脱模。
- 为了避免派皮烤不熟，常用"盲烤法"，先将派皮烤至半熟以上，铺上烤纸后用米或烘焙豆子压住，再放入烤箱烤 10 分钟。
- 压住派皮的米、红豆或绿豆可以重复使用，也可以直接到烘焙行买烘焙豆子。
- 糅合面团时，液体不要一次加足，用手感去调整液体的量。
- 这个面皮也可以擀平 0.3cm 厚，用压模压出形状，再撒上一些盐，就成为很好吃的咸饼干。

Pumpkin Pie
南瓜派

西方国家的感恩节要吃烤火鸡和南瓜派，就像我们中秋节要吃月饼和柚子一样有典故的。据说在 1620 年秋天，约百余人的清教徒为了逃避英王的宗教迫害，乘船到美洲。由于人地生疏，食物匮乏，半数以上都未能熬过当年冬天的酷寒和疾病。终于等到春天来了，他们着手建立家园，这时好心的印第安人向他们伸出援手，不仅送来生活必需品，还教他们盖房、狩猎、耕种、养殖、捕鱼等，到了秋天他们终于获得丰收。为了感谢上帝的赏赐和印地安人的帮助，他们便将饲养的火鸡和盛产的南瓜烤制出美食，邀请印地安友人一同欢宴。之后林肯总统在 1863 年宣布，每年 11 月的第 4 个星期四为感恩节法定假日，大家沿用传统的烤火鸡和南瓜派为主要菜肴欢聚感恩节，这便是感恩节吃烤火鸡和南瓜派的由来了。

准备

烤箱温度
200℃

烘烤派皮时间
12 分钟

加入馅料烘烤时间
30 分钟

使用模具
8 寸花形
可脱底烤模

分量
8 人份

使用器具
刷子
擀面棍
叉子
汤锅
打蛋器
硅胶刮刀
烤盘

 材料

派皮材料
脆皮面团
（做法参考 P.181）

南瓜馅材料
南瓜 500g
蛋 2 个
二砂糖 140g
鲜奶油 80mL
肉桂粉 1tsp
豆蔻粉 1/2tsp
姜粉 1/2 tsp

 做法

▸ **派皮塑形**

1. 将派模涂抹一层油。

2. 将面团取出，稍稍退冰后用擀面棍擀压使其变软。

3. 软至手指可以下压的程度时，放置在撒有手粉的工作台上。

4. 将面团敲松，然后擀成 0.3cm 厚的圆形。

5. 用擀面棍卷起面皮。

6. 将面皮铺在模具上，使其与模具贴合。

7. 手指沿着模具边缘下压，去除多余的派皮。

8. 用叉子扎出小孔。

9. 将生派皮压上烘焙纸和烘焙豆子，用 200℃烤 12 分钟（边缘出现淡淡的烤色）。

10. 取出后，将烘焙豆子和烤纸移开，在派底涂抹一层蛋黄再放入烤箱烤 2 分钟。

小贴士

- 将面皮放入模具时，不是用压入的方式，而是要折进去，让面皮完全贴合模具的边角，这是为了预防面团烤后缩小。
- 如果面皮上有太多手粉，可以用刷子刷去。
- 砂糖有抑制麸质形成的作用，但是由于该面团砂糖含量较少，所以面团受热后很容易软化，烤好后容易缩小。
- 如果在制作过程中出现黄油过度软化或出油的现象，要立即放回冷藏室，稍硬后再取出继续操作。
- 在面团上扎洞，是为了让面团在烘烤时，不会由于底部受热再鼓起。
- 制作面皮时，工作台和所有的用具都可以先冷却，或远离高温的地方进行制作。

▶ 南瓜馅做法

11. 将南瓜切成小块，加水煮熟，将
    多余的水沥干，压成南瓜泥，放
    凉备用。

12. 将蛋和二砂糖打匀。

13. 将南瓜泥加入蛋液中，搅拌均匀。

14. 倒入鲜奶油、肉桂粉、豆蔻粉及
    姜粉，拌匀后备用。

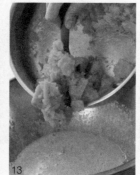

▶ 完成南瓜派

15. 将南瓜馅倒入烤至半熟的派皮里。

16. 将派放入烤箱烤 30 分钟即可取出。

Free-form Blueberry Tart

蓝莓派

在世界各地的甜点橱窗里都可以看见像珠宝般陈列的各式水果派。浪漫的法国人对于水果派的歌颂为 "Ah, only the finest ingredients went into this."，意思是，只有最好的材料才可以放在水果派的派皮上！由此可知，水果派是甜点中的极品，什么甜点可以比得过最新鲜又最美味的水果呢？

蓝莓派就是用水果派的概念，先做好派皮，再填入香浓的卡仕达酱，最后在卡仕达酱上满满覆盖一层蓝莓。其实只要有香脆的派皮和浓郁香草味的卡仕达酱，任何水果都可以轻轻松松地变成主角。

 准备

烤箱温度
200℃盲烤
180℃第二次烘烤

烘烤时间
10 分钟盲烤
10 分钟第二次烘烤

使用模具
5 寸底部可脱底
花形派盘 2 个

分量
4 人份

使用器具
钢盆
烘焙豆子
烘焙纸
酱汁锅
刷子
手持电动打蛋器
烤盘油
刮刀
叉子
烤盘
擀面棍

 材料

派皮材料
甜酥面团
（做法参考 P.178）

内馅材料
卡仕达酱 200g　　蓝莓 80g
（做法参考 P.228）　水 40g
亮面果胶 40g

做法

盲烤派皮

1. 将烤模涂油，备用。

2. 擀皮前 30 分钟，将派皮从冰箱拿出来，在室温下放至手指可下压的程度。

3. 在工作台上撒上少许手粉。

4. 将派皮压扁，用擀面棍擀至 0.3cm 厚，比模具略大一点。

5. 用擀面棍卷起派皮，在模具上铺开。

6. 将底部和边缘整形后，用擀面棍压滚边缘，去除多余的派皮。

7. 用叉子在底部扎洞，然后放入冷冻室休息 20 分钟。

8. 在派皮上铺上烘焙纸和烘焙豆子。将派皮放入预热至 200℃ 烤箱烤 10 分钟即出炉。

9. 将烤箱温度降至 180℃，移除派皮上的烤纸和烘焙豆子后，继续烤 10 分钟至派皮完全上色。

内馅做法

10. 将冰箱里的卡仕达酱取出，用手持电动打蛋器打散。

11. 将打散的卡仕达酱填入挤花袋中备用。

12. 将亮面果胶和水一起煮，果胶煮散后离火备用。

13. 将卡仕达酱挤入烤好的派皮底层。

14. 依自己喜好将清洗好的蓝莓摆在卡仕达酱上，直到将派面摆满。

15. 用刷子蘸上稀释过的亮面果胶，在蓝莓的表面涂上薄薄的一层。

小贴士

- 煮过的果胶温度不可太高，否则会将生的水果变成熟水果，使口感变差。
- 可以用其他水果代替蓝莓，例如芒果、猕猴桃、菠萝、草莓等。
- 如果没有亮面果胶，可以用果酱加水稀释煮开后代替。

Apple &
Almond Flan

苹果塔

用于制作苹果甜点的苹果，大概是以脆度足、微酸的品种为主，微酸的味道可以调整甜点的层次感，吃起来不会腻；而且脆度足的品种可以烹煮的时间较久，不容易化掉。

吃苹果塔有个经典的方式叫"A La Mode"，就是在切下来的塔上，放一球冰激凌或挤上打发的鲜奶油。也有另一种吃法，是在切下来的苹果塔旁放上一小块（片）切达奶酪（Cheddar）。

最常见的吃法是与冰激凌或鲜奶油一起搭配食用，但是有一句话是"An apple pie without cheese is like a kiss without the squeeze！"也就是说对于新英格兰人来说，苹果塔和奶酪的结合是那么的理所当然。你可以将奶酪融化在塔上，或夹在塔里，或一口派一口奶酪享用。记得下次做苹果塔的时候，将奶酪的元素加在苹果塔里！

准备

烤箱温度
200℃

烘烤时间
10 分钟盲烤
30 分钟加料后烘烤

使用模具
5 寸底部可脱底
花形派盘 3 个

分量
6 人份

使用器具
钢盆
木匙
烘焙豆子
烘焙纸
刷子
量杯
手持电动搅拌器
榨汁器
烤盘油
叉子
烤盘
擀面棍
挤花袋 16 寸
平口挤花嘴 11 号
砧板
主厨刀

 材料

塔皮材料

甜酥面团

（做法参考 P.178）

杏仁黄油馅材料

无盐黄油 135g（室温）

白砂糖 135g

杏仁粉 135g

朗姆酒（Rum）15mL

低筋面粉 15g

蛋 2 个

内馅材料

苹果 2 个

柠檬汁 半个

白砂糖 80g

肉桂粉 6g

杏桃果酱 100g

亮面果胶 40g

水 40g

做法

塔皮做法

1. 将烤模涂油备用。

2. 擀制塔皮前 30 分钟，将塔皮从冰箱取出，在室温放至手指可下压的程度。

3. 在工作台上撒少许手粉。

4. 将塔皮压扁，并用擀面棍擀至 0.3cm 厚，比模具略大一点。

5. 用擀面棍卷起塔皮，在模具上铺开。

6. 将底部和边缘整形后，用小刀去除边缘多余的塔皮。

7. 用叉子在底部扎洞，然后放入冷冻室休息 20 分钟。

8. 在塔皮上铺上烘焙纸和烘焙豆子，将塔皮放入预热至 200℃ 烤箱烤 10 分钟，出炉备用。

9. 将取出的塔皮移除烘焙纸和烘焙豆子后，加入馅料继续烘烤。

杏仁黄油馅做法

10. 将面粉和白砂糖过筛备用。

11. 去除杏仁粉的结块。

12. 将无盐黄油和白砂糖一起搅打至泛白的状态。

13. 加入蛋和朗姆酒，搅拌均匀。

14. 加入过筛的面粉和杏仁粉，搅拌均匀。

15. 让馅料稍稍休息即可填入挤花袋中备用。

完成苹果塔

16. 将烤箱预热至 200℃ 。

17. 将苹果去皮、去籽、去核，切成 0.1cm 宽的半月形薄片，泡入柠檬水中。

18. 在塔皮铺一层杏桃果酱。

19. 填上一层杏仁黄油馅（高度超过塔皮的 1/2）。

20. 由外向内摆上苹果片，直到摆满为止。

21. 在表面撒上白砂糖和肉桂粉的混合粉料。

22. 将塔放入烤箱烤 30 分钟，到表面完全上色为止。

23. 从烤箱取出后，将比塔模小的磁杯垫在模底，帮助脱模。

24. 塔完全冷却后，涂上亮面果胶。

小贴士

- 苹果片的摆法为：每一排的苹果方向要相反，成品看起来才更美观。

- 可以在中心点放入切碎的苹果垫高，烤好后就不会出现塌陷的现象。

- 适合与苹果塔一起搭配的奶酪有：Cheedar（巧达）、Grugère（格鲁耶尔）、Roquefort（羊乳）等。

Cornish Pasties

康沃尔肉馅饼

康沃尔肉馅饼是英国康沃尔郡（Cornwall）的一种传统小肉馅饼。

在英国康沃尔郡，矿工将这种派当做午餐。他们会用小块牛肉、土豆块、绿甘蓝、洋葱和一些清淡的调料做内馅，包成字母"D"的形状去烘烤，方便矿工们带进矿区。

这种馅饼可以做成不同的口味，但只有在康沃尔郡制作出的馅饼才能叫康沃尔馅饼。

 准备

烤箱温度
180℃

烘烤时间
30 分钟

使用模具
8cm 圆形压模

分量
5 人份

使用器具
过筛器
刮板
钢盆
硅胶刮刀
擀面棍
保鲜膜
烤盘
硅胶烤垫
叉子
刷子

 **材料**

派皮材料
低筋面粉 310g
无盐黄油 125g
（冷藏状态，切成块状）
冰水 50mL

牛肉内馅材料
牛肉泥 160g
番茄 1/2 个
洋葱 1/2 个
胡萝卜 1/2 根
盐 适量
胡椒粉 适量
S.P 适量
李林辣酱油 2 tbsps
牛肉高汤 2 tbsps
蛋 1 个
亮面果胶 40g
水 40g

做法

饼皮做法

1. 将面粉过筛。
2. 将切块的无盐黄油放入面粉中，用刮板将面粉和无盐黄油稍稍混合。
3. 加入冰水，用手混合成一个面团。
4. 将面团用保鲜膜包覆起来，放入冰箱 20 分钟。

内馅做法

5. 将番茄、洋葱和胡萝卜切成细丁。
6. 将所有的内馅混合，加入盐和胡椒粉。

7. 加入李林辣酱油、牛肉高汤和蛋液，搅匀备用。

完成牛肉馅饼

8. 烤箱预热至 180℃ 。

9. 将面团置于保鲜膜上，擀成 0.3cm 厚的面皮。

10. 将面皮分切成直径 8cm 的圆形。

11. 在面皮中心放入内馅，以不超过圆心的 2/3 为准。

12. 在面皮外缘刷上蛋液。

13. 用保鲜膜将面皮包起来。

14. 用手指压紧面皮，再用指尖捏紧。

15. 将馅饼立起来，在面皮表面涂抹蛋液。

16. 用叉子在面皮上扎洞。

17. 放入烤箱烤 30 分钟。

🎀 小贴士

- 内馅的水分不可以太多，所以牛肉高汤要最后加入，用来调整水分。
- 李林辣酱油起源于 19 世纪 30 年代，是辣酱油的代表，又称为英国陈醋或伍斯特酱汁（Worcestershire Sauce），是一种代表性的调味料，味道酸甜微辣，色泽黑褐。相传英国驻孟加拉的一位勋爵在印度得到了一个辣酱汁的配方，回家后将配方交给当地的化学家约翰·李和威廉·派林（John Wheeley Lea、William Henry Perrins）。他们发现酱汁会渗出一层发酵物，其口感大受欢迎，所以重新推向市场。由于是在伍斯特郡这个地方研发而成的，大家就将这个酱称为"伍斯特酱汁"（Worcestershire Sauce）。伍斯特酱虽然品牌繁多，但在英国生产的只有李派林一种。

Choux Pastry
泡芙面糊

Choux Pastry法文的意思是"甘蓝菜"，因为成品像甘蓝菜一样是不规则的小球，但是这个小球内部不扎实，烘烤后就变成了外表酥脆而内部中空的成品。据说，泡芙发明的时间在中世纪晚期，是烘焙师偶然发现的。制作方式也与其他面团不同，它混合了面糊和面团的特性，经过两次加热。第一次加热，先用含有油脂的水煮沸，再加入面粉，做成一个较软的面团，放凉后加入蛋，混合成更柔软的面糊；第二次加热，先将面糊塑形，再放入烤箱烘烤，膨胀后就成为可口的泡芙了。

泡芙面团与其他面团或面糊最大的不同之处在于：1. 水分较多 2. 两次加热。

🥄 主角材料：水分

🥣 使用面粉：低筋面粉

泡芙面糊基本材料和比例

水　　黄油　　低筋面粉　　蛋

水 ： 黄油 ： 低筋面粉 ： 蛋 = 2 : 1 : 1 : 2

Choux
Pastry

配方比例的调整

以水分为基准，维持黄油：面粉 = 1：1~1：2 的比例，就可以变化出轻面糊。如果面粉比黄油多，表皮就会变厚，口感就比较扎实；如果面粉比黄油少，表皮就比较薄。

泡芙面糊基本制作过程

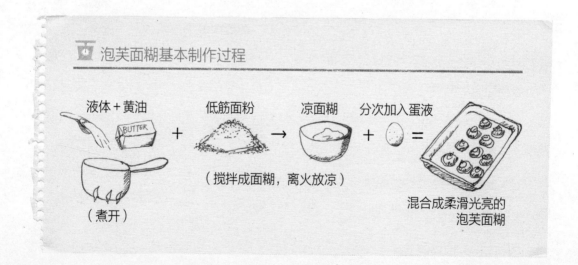

液体＋黄油　　　　低筋面粉　　　凉面糊　　分次加入蛋液

（煮开）　　　（搅拌成面糊，离火放凉）　　　　混合成柔滑光亮的
泡芙面糊

这种面糊，除了做成正规的泡芙外，也可以变化成其他甜品或咸品，例如：

1. 巴黎面疙瘩（Parisienne Gnocchi）：从袋中挤入沸水中煮。

2. 法式甜甜圈（Beignet）：从袋中挤入热油中，炸成圆圈状，撒上糖粉。

3. 墨西哥吉拿棒（Churro）：从袋中挤入热油中，炸成长条状，撒上肉桂糖霜。

4. 王妃土豆（Pommes Dauphine）：面团不加蛋，用来黏合肉馅并增加口感。黏合土豆泥，挤出油炸。

5. 土豆煎饼：1/3 泡芙面团 + 2/3 土豆面团，做成圆形，撒上手粉，煎成饼状。

 材料使用秘诀

面粉（Flour）

大部分泡芙都使用低筋面粉，如果使用高筋面粉，蛋白质较多，容易形成筋性，会影响泡芙的膨胀状态。如果面糊不能延展，外皮就会较厚，口感变得扎实。

如果使用了高筋面粉，由于淀粉含量减少，糊化作用也会减弱，无法吸附很多水分，所以水分要相对地减少。

蛋（Egg）

蛋的水分是用来调整面糊整体的水分含量及黏性。加入的最佳温度是面团冷却至 60℃ 以下时。蛋加得越多，面糊就会变得越柔软，也越容易扩张。水分越多，在蒸汽的推挤之下，会让面糊的中央形成较大的空洞。

蛋黄中的卵磷脂是天然的乳化剂，可以将容易分离的水和油脂巧妙地连结在一起。蛋白的作用，是利用热量凝固，使泡芙皮不容易坍塌。

水分（Liquid）

泡芙里的空洞是面糊中的水分经过烤箱加热后变成水蒸气而形成的，所以面糊配方中的水分是必要的。水分越多的面糊膨胀就越大。我在基本配方里用牛奶代替了水，因为用牛奶更能增加面皮的风味，而且可以烘烤出更漂亮的颜色。

油脂（Fat）

面糊里加入的油脂，如果能均匀分散，就能制作出具有延展性的面糊。油脂具有切断淀粉过度连结的作用，不会让泡芙面团变成一团硬块。

放入蛋黄可以产生乳化作用，让面团的油脂更稳定。而蛋白的凝固作用，可以支撑泡芙的形体。

材料变化对泡芙口感的影响

材料 / 变化	膨胀度	外皮厚度	外皮质感
低筋面粉	大	薄	柔软
高筋面粉	小	厚	硬实
蛋用量多	大	薄	柔软
蛋用量少	小	厚	硬实
烘烤前喷水	大		脆
烘烤前不喷水	小		柔软

这是利用淀粉的糊化作用和蛋的乳化作用制作出来的面团。面团在烤制过程中，水分因受热变成水蒸气，在已经成形的外皮面糊内部推挤着，使面糊膨胀，并在内部形成空洞。空洞越大，表皮越薄，面糊就像气球一样鼓起。

操作技巧

热液体和油脂一起煮

油脂有切断淀粉过度连结的作用，在热液体中煮过后，更能被淀粉均匀地吸收。放入烤箱加热时，面糊需要有良好的延展性，淀粉的糊化作用虽然将面糊连结在一起，但受到水蒸气作用时无法让面糊保持柔软性和延展性，其过强的黏性，防碍了膨胀。

在沸腾的热液体中加入面粉

在热液体中加入面粉充分搅拌，可以帮助淀粉吸收液体，出现柔软膨胀的糊化现象，可以比冷水搅拌时吸收更多的水分，而且有加速糊化的作用，让泡芙面团有最佳的延展性。

热液体加入面粉后的面糊温度

油脂与热牛奶或水一起加热后，要等到油脂充分融化才能加入面粉。面粉加入后，要一直搅拌，让淀粉完全吸收水分，并且搅拌至锅底产生薄膜，面糊才算完成。此时面糊中央的温度要达到 80℃ 左右，如果面糊温度持续上升，油脂就容易渗出。

加入蛋的面糊温度

加入蛋时，一定要等面糊温度降到 60℃ 以下才可以加。一方面，在高温下加入蛋，会将蛋烫熟煮熟；另外，蛋要逐渐加入，因为一下加入全部的蛋量，不但会因温度骤降让面糊变硬，也会因此导致水分过多变成太软太稀的面糊。

烤箱的温度

为了让面糊顺利膨胀，也为了避免烘烤时因内部蒸汽没有排出，导致泡芙从烤箱取出后塌陷，所以烤箱的温度控制很重要。如果是可以调上下火的烤箱，建议一开始上火温度不要太高，否则泡芙的上皮瞬间凝固而阻碍面糊的膨胀。没有上下火的烤箱，一开始温度不要调到最高。等泡芙上层皮撑大了，就可以将上火温度调高，让面糊中的水蒸气排出，就可以得到一个膨胀完美又坚固的泡芙成品。

储存

这种面糊做好后可以保存在冷冻库，使用时在室温中放至正常面糊的硬度，即可继续完成泡芙烘焙品。

面糊	阴凉的室温	12 小时	使用时，加蛋调整软度
烤好的泡芙	冷冻	3 个月	喷水后放入烤箱回温，也可以在室温中回温

Profiterole
基础泡芙面糊

法国的甘蓝菜（Chou）和没有变形的泡芙（Profiterole）同样是小小的圆形，所以法文用 Choux（复数）作为泡芙的名字。而其他国家用 Puff 统一称呼。

Puff 是膨胀的意思，中央会形成空洞。另一种"黄油酥皮的派皮"也是用"Puff Pastry"来称呼，所以不要搞混！

利用基础泡芙面糊易塑形、膨胀性及中空的特性，变化出这个单元里所有的甜品。根据挤出的形状不同，以及面皮上挤上不同的馅料或不同的组合方式，分成闪电泡芙（Éclairs）、天鹅泡芙（Profiterole swans）、泡芙塔（Croquet-en-bouche）、巴黎手环（Paris- brest）、修女泡芙（Religiouse）等经典甜品。

准备

烤箱温度
面糊最佳的烘烤温度是200℃~220℃，根据挤出面团的大小而定。

烘烤时间
依尺寸而定

使用模具
16 寸挤花袋
依形状选择
挤花嘴

分量
800g

使用器具
宽口汤锅
打蛋器
硅胶刮刀
过筛器
钢盆

材料

牛奶 500mL

无盐黄油 225g（室温 10 分钟）

低筋面粉 250g

蛋 6-8 个（60g ／个）

做法

1. 将室温的无盐黄油放入牛奶里，煮至无盐黄油完全融化。

2. 将过筛的面粉分次加入牛奶中，一边加入一边搅拌，每次都要搅至看不见粉末。

3. 将牛奶和面粉搅拌均匀，直到在锅底产生薄膜后停火。

4. 将面糊倒入另一个容器里稍稍放凉。

5. 将蛋打散。

6. 将蛋液慢慢倒入较凉的面糊中，每次加入都要搅拌均匀，直到面糊粘住汤匙不会掉下来，呈现倒三角形状。

7. 放入挤花袋，配上喜欢的挤花嘴备用。

小贴士

- 将面粉放入面糊锅中搅拌至锅底产生薄膜，作为面糊完成的判断依据。因为在这个过程中，水分一直在蒸发，要让面糊中心达到 80℃才会糊化。如果温度过高，面糊中的油脂就会出来；如果温度太低，面粉就无法完成糊化。

- 判断泡芙面糊是否完成，可以用以下方式来观察：

  1. 面糊是温热的，如果面糊太凉，会让面糊变硬而无法判断好坏，而且会花很长时间让面糊在烤箱里变热，造成膨胀不佳的状况。

  2. 面糊的表面是滑顺、有光泽的。

  3. 用勺子舀起面糊时，面糊会呈现倒三角形的下垂状态。

- 往面团里加入液体时，不要一次全部倒入。因为天气的因素，面粉的含水量不一致，而且蛋的大小不同也会影响面糊的湿度，当配方的单位为"个"的时候，有时需要增加或减少。所以不是说依照食谱就不会错，而是要了解面糊在什么状态下会出现什么结果。

- 加入蛋的最合适时间是面团降到 60℃时，如果温度太高，不但会将蛋烫熟，还会让空气减少，使泡芙烘烤时无法膨起。

- 如果面糊太软，挤出来的形状就会不规则，不容易成形，而较硬的面糊可以挤出较规则的形状。

- 在面糊上喷水，是为了防止表面的面糊太干影响膨胀，表面喷上水后，可以延迟表面凝固的时间，这样就可以让面糊膨胀得更大。

Cream Patisserie

卡仕达酱

卡仕达酱虽然是配角，但也是很多甜点必不可少的。用卡仕达变化的甜品也不少，例如舒芙蕾，是将蛋白另外打发，烘烤之前翻搅进面糊里。

而英式黄油酱，又称安格列斯酱（Crème Anglaise），则是没有加入淀粉的卡仕达酱。不管你是想要了解面包、蛋糕，还是其他烘焙类甜品，都不能省略这个最佳配角。

准备

分量
600g

使用器具
四方深盘
汤锅
木匙
打蛋器
钢盆
滤网
保鲜膜
硅胶刮刀

 材料

牛奶 500mL	无盐黄油 10g
白砂糖 100g	（室温）
玉米淀粉 60g	香草荚 1/4 根
蛋 2 个	

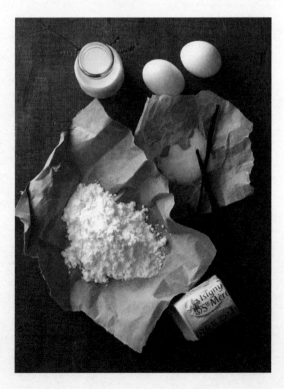

做法

混和面糊

1. 将冷却后的四方深盘容器覆盖保鲜膜。
2. 将蛋、白砂糖和玉米淀粉混合均匀，备用。
3. 将牛奶倒入锅中，将香草籽由香草荚中刮出放入牛奶中。
4. 将牛奶和香草籽煮开，倒入蛋液混合糊中，用打蛋器混合均匀。
5. 将蛋奶浆过滤到钢盆里。
6. 将过滤后的蛋奶浆倒入干净的锅里煮。

7. 蛋奶浆会越来越稠，用打蛋器和木匙不停搅拌。

8. 面糊完全凝结后关火。

▶ **冷却**

9. 放入无盐黄油，用余温将无盐黄油融化。

10. 将卡仕达酱倒入容器内，用保鲜膜覆盖。

11. 在室温冷却后，放入冰箱备用。

12. 使用之前，将结块的卡仕达酱用打蛋器搅散，恢复至柔软的状态后再填入挤花袋内备用。

9   10   11

🔖 **小贴士**

- 制作卡仕达酱的时候，一定要专心守候着。凝结时会从底部开始，因此要留意锅子的边角，不停地翻搅，避免烧焦。
- 也可以用低筋面粉代替玉米淀粉。面粉和玉米淀粉都是这个配方的浓稠剂。
- 卡仕达酱像是一个结构基础，放入的配料不同，制作出的口味也不同。任何甜品调味酱，例如花生、榛果、草莓、芝麻等都可以加入，制作出自己喜欢的卡仕达酱。

Eclar

闪电泡芙

这款像腊肠般的长条形泡芙，中间剖开挤入馅料为主要特色。Éclair 法文的意思是闪电，不过它不是因为外形而得名，而是因为法国人太爱吃长条形的闪电泡芙了，总会在拿到后的最短时间内吃完，就像闪电一样来无影去无踪！

准备

烤箱温度
200℃

烘烤时间
20 分钟

使用模具
泡芙使用挤花嘴：
平口 1.5cm
泡芙使用
挤花袋：18 寸
鲜奶油使用
挤花嘴：星口 1cm
鲜奶油使用
挤花袋：16 寸

分量
12 人份

使用器具
硅胶刮刀
钢盆（可放入汤锅的大小）
钢盆（打发鲜奶油）
汤锅（口径不超过24cm）
网架（泡芙烤好和上亮后可以晾干的透风架）

 材料

泡芙面糊 300g
（做法参考 P.225）
巧克力 150g

打发鲜奶油
鲜奶油 300g
白砂糖 40g
香草荚 1/4 根

做法

1. 烤箱预热至 200℃。

制作泡芙

2. 泡芙面糊放凉后放入挤花袋，配上挤花嘴备用。

3. 在烤盘上挤上长 12cm 的直条状。

4. 用手指蘸水，将凸起处向下压平。

5. 在派皮表面均匀地喷水。

6. 放入烤箱烤 20 分钟。

7. 取出后，将泡芙放在架子上，使其自然散热。

小贴士

内馅可以依喜好换成黄油奶酪、榛果馅、柠檬馅、卡仕达馅，也可以是冰激凌。上亮的部分也可以依喜好变化。

上亮和内馅

8. 准备汤锅，装六分满的水，上面架一个钢盆。

9. 将切碎的巧克力放入钢盆里，隔水加热至巧克力融化。

10. 将鲜奶油放在另一个钢盆里，刮入 1/4 根香草荚，边加入砂糖边用打蛋器搅拌，直到硬性发泡为止。将打发鲜奶油装入挤花袋内备用。

11. 将放凉的泡芙切开，但不要切断。

12. 将较不平整的一面蘸裹上融化的巧克力，如果蘸裹不匀，用小刀刮平。

13. 另一面中空部分挤上打发鲜奶油。

14. 将两边组合起来即完成。

Puff Rusk

泡芙饼干

将泡芙第二次烘烤至饼干状的泡芙点心，叫做 Puff Rusk。Rusk 这个词可以用在许多商品上，如法国面包片、年轮蛋糕、吐司、泡芙等，泛指硬、干或可以二次烘烤的面包或饼干。很多小婴儿在长牙时期吃的磨牙食品，也可称为 Rusk。每个国家对于要"烤两次的烘焙物"都有不同的称呼：丹麦 -Tvebak；法国 -Biscottes, Pain Grille；德国 -Zwieback；意大利 -Fette Biscottate, Biscotti；日本 -Rusk（不管是法国长棍面包、可颂还是蛋糕都可以称为 Rusk）；挪威 Kavring；菲律宾 -Biskotso；瑞典 -Skorpor；英国 -Butcher's Rusk。

准备

烤箱温度
烤饼干 190℃

烘烤时间
烤饼干 15 分钟

分量
10 人份

使用器具
烤盘
硅胶烤垫
面包刀
刷子
小刀
主厨刀

材料

闪电泡芙 10 根　　　焦糖酱 150g
融化无盐黄油 100g　　二砂糖 50g

做法

1. 将闪电泡芙纵切成小段，平摊在烤盘上。
2. 烤箱预热至 190 ℃。
3. 均匀刷上融化的无盐黄油。
4. 泡芙断面均匀刷上焦糖酱。
5. 撒上二砂糖。
6. 放入烤箱烤 20 分钟，表面的二砂糖粒烤干即可取出。

🌰 小贴士

也可以不涂焦糖酱，只刷上黄油、撒上二砂糖即可，也可以淋上巧克力酱、蜂蜜或枫糖。

Religieuse

修女泡芙

由一大一小泡芙叠成雪人状，有时会在最上面装饰一层糖霜，就像贵妇头上戴了高帽子。而修女泡芙这个名字的来源，是因为上层的小泡芙有黄油做滚边，和修女的衣饰很像，所以取法文"Religieuse"修女的意思。在《欢迎来到布达佩斯大饭店》的电影里，有一款贯穿全剧的虚构甜点，就是由这款泡芙延伸而来的！

准备

烤箱温度
200℃

烘烤时间
15 分钟

使用模具
挤花嘴 平口
1.2 cm（下层）
0.8cm （上层）

分量
12 组

使用器具
挤花袋 16 寸 3 个
卡仕达酱挤花嘴
平口（最小尖形）
喷水器
烤盘
烤盘油
钢盆 2 个
汤锅
耐热刮刀
网架

 **材料**

泡芙面糊 300g
（做法参考 P.225）

卡仕达酱 100g
（做法参考 P.228）

白巧克力 150g

黑巧克力 150g

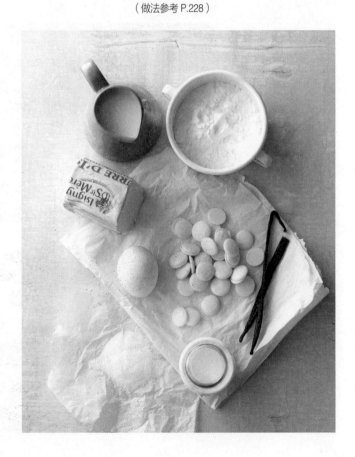

做法

烘焙

1. 将黏稠状的泡芙面糊填入准备好的挤花袋中，再分别使用大、小两个圆形的花嘴，在烤盘上挤出圆形的泡芙体。
2. 泡芙凸起部分用蘸水的手指压下。
3. 在泡芙表面喷水。
4. 放入预热至 200℃ 的烤箱烤 15 分钟，取出放凉。

装填卡仕达酱

5. 将卡仕达酱打软，放入挤花袋中。
6. 在泡芙底部挤入卡仕达酱。

装饰

7. 用隔水加热的方式融化白巧克力和黑巧克力。

8. 将大的泡芙凸面蘸上黑巧克力，小泡芙的凸面蘸上白巧克力。利用巧克力的黏性，将两个泡芙粘在一起。

9. 顶端放上糖衣装饰品即完成。

🔖 小贴士

泡芙馅可以用鲜奶油、混合鲜奶油或卡仕达酱，当然也可以将百香果泥、芒果泥、果酱或榛果酱调和成内馅。

Profiterole
Swan
天鹅泡芙

将泡芙面糊挤出不同的部件：头和身
体，然后将泡芙组合成天鹅的形状。天鹅
泡芙可以说是泡芙组合的经典款，因为成
品形体优美，做法上也很简单，常被当做
结婚蛋糕的装饰品。

 准备

烤箱温度
190℃

烘烤时间
头 10 分钟
身体 20 分钟

使用模具
星状挤花嘴 1.5cm
平口挤花嘴 0.3cm

分量
8 人份

使用器具
挤花袋 3 个
挤花嘴 3 个
烤盘
喷水器
剪刀

 **材料**

泡芙面糊 500g（做法参考 P.225）
糖粉 150g
卡仕达酱 300g（做法参考 P.228）

做法

塑形烘焙

1. 将泡芙面糊放入准备好的两个挤花袋中（分别使用星状挤花嘴 1.5cm、平口挤花嘴 0.3cm）。

2. 用星状挤花嘴在烤盘上挤出一个较大的起头，再往后拉出尖形结尾，作为天鹅的身体。

3. 用平口挤花嘴，在烤盘上挤出"2"的形状。

4. 在泡芙表面上喷水后，放入预热至 180℃ 的烤箱。头的部分烤 10 分钟，身体部分烤 20 分钟即可。

5. 用打蛋器将卡仕达酱搅软，放入挤花袋中（使用星状花嘴 1.2cm）。

装填组合

6. 将放凉的泡芙身体部分用剪刀横剪成两半。

7.上层有纹路的那面对剪成两片翅膀。

8.将卡仕达酱挤入身体的下层。

9.将"2"字形的头插入卡仕达酱里。

10.将两片翅膀对称地插入卡仕达酱里即完成。

11.摆盘前撒上糖粉。

🐧 小贴士

- 挤出身体和头时，是在考验使用挤花袋的功力，多练习几次，就会得到令人满意的结果。
- 使用挤花袋的手劲，就是要让面糊跟着手势和设定的行径走，只要手势不中断，基本上面糊都会落在想要的位置。
- 面糊的浓稠度也会影响挤出来的形状，太稀的面糊会导致未完成形状就掉在烤盘上了。

Almond & Custard Cream Puff
杏仁泡芙饼

　　谁说泡芙一定都用泡芙皮？卡仕达酱一定只能当内馅？将它们两个结合在一起变成饼干也是变化配方的一种方式。这款饼干不但好吃也好看，很适合下午茶时间搭配一杯上好的红茶享用。

 准备

烤箱温度
第一阶段 180℃
第二阶段 150℃

烘烤时间
第一阶段 20 分钟
第二阶段 6 分钟

使用模具
平口挤花嘴 1cm

分量
50 个

使用器具
钢盆
硅胶刮刀
挤花袋
烤盘
硅胶烤垫

 材料

泡芙面糊 140g（做法参考 P.225）
卡仕达酱 70g（做法参考 P.228）
泡打粉 1/2tsp
杏仁粒 30g
珍珠糖 适量

做法

塑形

1. 将卡仕达酱用打蛋器打软。
2. 加入泡芙面糊。
3. 搅打的同时，慢慢加入泡打粉和杏仁粒，拌匀后装入挤花袋中。
4. 用挤花袋挤出 3cm 直径的面糊。
5. 将珍珠糖撒在面糊上。

烘焙

6. 放入 180℃ 的烤箱烤 20 分钟，再降至 150℃ 烤 6 分钟即可。

小贴士

- 杏仁粒可以用花生碎、核桃碎或干果粒代替。
- 这款泡芙饼干一定要烤到上色很深，将水分烤干一点，否则泡芙里的水分会在室温下渗出，使泡芙饼干变得潮湿。

Party Cup

派对泡芙盅

这是泡芙底的变化版，将基础泡芙面糊加上奶酪、盐及胡椒，就变成咸饼的底座。当然，你也可以在泡芙面糊里加上辣椒、芥末或其他自己喜欢的口味。即使是原味的泡芙也很适合搭配不同的馅料成为派对咸品。

 准备

烤箱温度
第一阶段 200℃
第二阶段 160℃

烘烤时间
第一阶段 10 分钟
第二阶段 10 分钟

使用模具
平口挤花嘴 1cm
挤花袋

分量
12 个

使用器具
钢盆
硅胶刮刀
烤盘
硅胶烤垫
喷水器
汤匙

 材料

咸泡芙皮材料
泡芙面糊 150g（做法参考 P.225）
黑胡椒粒 1g
盐 1g
奶酪粉 10g

内馅材料
小黄瓜 40g
土豆 40g
千岛酱 40g
蜜核桃 10g
蛋 1 个
盐 1pinch
黑胡椒粒 1pinch

做法

制作咸泡芙皮

1. 将基础泡芙面糊加入黑胡椒粒、盐和奶酪粉拌匀，放入挤花袋内。

2. 在烤盘硅胶烤垫上用 1.5cm 的挤花嘴整齐地挤出 3cm 直径的面糊。

3. 在面糊表面喷水。

4. 放入预热至 200℃的烤箱烤 10 分钟，降温至 160℃再烤 10 分钟。

5. 拿出烤箱后放至烤架，放凉备用。

制作内馅

6. 将小黄瓜和土豆切成 1cm 见方的丁状。

7. 用热水将土豆和蛋煮熟。

8. 将水煮蛋压散，与小黄瓜、土豆丁和蜜核桃拌匀。

9. 加入千岛酱、盐和黑胡椒粒拌匀。

完成泡芙盅

10. 将泡芙切半。

11. 将馅料填入泡芙底，盖上盖子即可。

🛈 小贴士

馅料部分可以加入自己喜欢的材料，以土豆泥、地瓜泥等为基底，加上调味料就可以变化出各种口味的派对小点心。

Green
Tea
Biscuit
Puff

饼干抹茶泡芙

这个配方结合了调味泡芙和饼干面团两种口感。上面盖了一片饼干的泡芙，有点像菠萝面包。吃起来的口感也很有层次，第一口会吃到松脆的饼干，接着是香脆的泡芙，最后是香浓的卡仕达酱。一下子就将几个元素都吃到了，是不是很有趣呢！

准备

烤箱温度
第一阶段 200℃
第二阶段 150℃

烘烤时间
第一阶段 10 分钟
第二阶段 10 分钟

使用模具
平口挤花嘴 1cm
圆形压模 4cm

分量
20 个

上盖饼干器具
钢盆
打蛋器
过筛器
硅胶刮刀
擀面棍
保鲜膜

抹茶泡芙器具
钢盆
挤花袋
烤盘
硅胶烤垫

抹茶卡仕达器具
钢盆
硅胶刮刀

 材料

抹茶泡芙材料
泡芙面糊 300g（做法参考 P.225）
抹茶粉 2tbsp

上盖饼干材料
无盐黄油 30g（室温）
白砂糖 60g
蛋液 32g
低筋面粉 100g
泡打粉 1/4 tsp（0.8g）

抹茶卡仕达材料
卡仕达酱 200g
抹茶粉 2tbsp

做法

制作上盖

1. 将软化的无盐黄油放入钢盆中搅打成乳霜状。

2. 慢慢加入白砂糖，搅打均匀。

3. 分 3 次加入蛋液，面糊变柔顺后加入过筛粉类。

4. 用刮刀搅拌成一个面团。

5. 用保鲜膜包好，放至冷藏室 2 小时以上，让面团休息，备用。

6. 使用前将面团擀成 0.4cm 厚，依泡芙面团尺寸，切成直径 4cm 的圆形，
   再放回冷藏室休息。

制作抹茶泡芙

7. 在泡芙面糊里加入过筛的抹茶粉。

8. 用刮刀搅匀。

9. 用 1cm 圆形挤花嘴，挤出直径 3.5cm 的面糊。

10. 在面糊表面喷气，然后盖上圆形的饼干盖，并撒上白砂糖。

11. 放入预热至 200℃ 的烤箱烤 10 分钟，降温至 150℃ 再烤 10 分钟。

12. 取出后在烤架上放凉。

制作抹茶卡仕达酱

13.将做好的卡仕达酱拌入抹茶粉，放入挤花袋备用。

完成饼干抹茶泡芙

14.将抹茶泡芙横切半。
15.将抹茶卡仕达酱挤至泡芙底，将上盖轻轻盖上即完成。

🎎 小贴士

为了凸显颜色，我在抹茶卡仕达酱上面挤了一层打发的鲜奶油，如果你不喜欢鲜奶油，只挤上抹茶卡仕达酱就可以了！

Churros

西班牙油条

据说这款油炸条状面食的技术来自中国，很多年前，葡萄牙人航海到中国看见制作油条的技术，就想将这种技术带回到欧洲去，但因为学不会"拉"油条的要领，就通过管子挤压的方式让面团变成条状。

虽然口味和我们中国的油条不像，但从外形上看，叫它油条一点也不为过。在拉丁美裔为主的岛屿都可以看到这种甜点的踪迹，它是以路边小贩的模式被发扬光大的，所以现在看到卖西班牙油条的地方，大多是在餐车上。

 准备

油温
175℃

油炸时间
2 分钟

使用模具
星状挤花嘴
0.7cm

分量
5 人份

使用器具
炸锅
四方深盘
网捞
硅胶刮刀
不锈钢铁夹
剪刀

 材料

水 250g　　　　　　盐 3g
无盐黄油 110g　　　高筋面粉 200g
（室温）　　　　　蛋 5 个
白砂糖 8g　　　　　肉桂粉 少许

做法

混拌面糊

1. 将水置于汤锅中，加入盐和无盐黄油。
2. 用中火加热，让无盐黄油完全溶于水中。
3. 转小火，加入面粉，和无盐黄油水搅拌在一起，整合成一个光滑的面团。
4. 将面团稍稍放凉，倒入另一个钢盆中，分次加入蛋液，直到将面团变成舀起不掉落的面糊。

油炸

5. 油锅开中火加温。

6. 将白砂糖和肉桂粉倒入四方深盘里混合均匀。

7. 在油锅中放入一点面粉，看到面粉浮起，并且快速起泡，表示油温达到 175℃。

8. 将面糊放入挤花袋，在油锅上方挤出约 10cm 长的 U 形，用剪刀剪断。

9. 炸至金黄色即可起锅，将油沥干后，蘸裹上白砂糖及肉桂粉的混合粉即完成。

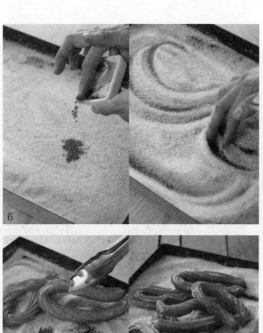

6

8

9

🧑‍🍳 **小贴士**

这款甜点可以蘸巧克力酱或融化的奶酪，也可以撒满糖粉享用。

Beignet

油炸贝奈特饼

如果你问去新奥尔良旅行的第一站是哪？那么答案一定是 Café du Monde。这家店因为苦菊咖啡（Chicory Coffee）和贝奈特饼（Beignets）久负盛名。

贝奈特饼是一种法式无孔甜甜圈。在美国，经常能在奥尔良看到这种食品，美国人也常常将它与新奥尔良联系在一起。不同口味的贝奈特饼（带有虾或小龙虾馅）也常被当做一道开胃菜。

贝奈特饼就是用泡芙面团制作的，只是一般泡芙是烤的，而将泡芙面团变成油炸，就是好吃的贝奈特饼了。

 准备

油温
180℃

油炸时间
5 分钟

使用模具
主餐汤匙 2 个

分量
约 32 个

使用器具
汤锅
硅胶刮刀
过筛器
钢盆
炸锅
滤油纸
网捞
筛网

 材料

无盐黄油 125g（室温）　蛋 4 个
水 250g　　　　　　　植物油 500g
盐 1/4tsp（1.3g）　　（油炸用）
低筋面粉 140g　　　　糖粉 50g

小贴士

- 吃贝奈特饼的时候，不要忘了泡杯黑咖啡一起享用！
- 如果想要有奶香味，可以将水换成牛奶。

做法

混拌面糊

1. 将水倒入汤锅中，加入盐和无盐黄油。
2. 用中火加热，让无盐黄油完全溶于水中。
3. 转小火，加入面粉，整合成一个光滑的面团。
4. 将面团稍稍放凉，倒入另一个钢盆中，分次加入蛋液，直到将面团变成舀起不掉落的面糊。

油炸

5. 将植物油加热到 180 ℃，用两个主餐匙将面糊舀起来，刮入油锅里。
6. 在油锅里炸约 5 分钟即可捞起。
7. 将捞起的贝奈特饼放置在厨房纸巾上，去掉多余的油分。
8. 趁热撒上糖粉享用。

Gougre
古鲁奇奶酪泡芙

烤箱温度
第一阶段 200℃
第二阶段 170℃

烘烤时间
第一阶段 10 分钟
第二阶段 15 分钟

使用模具
主餐汤匙 2 个

分量
10 人份

使用器具
汤锅
硅胶刮刀
过筛器
钢盆
奶酪刨刀
烤盘
硅胶烤垫

　　古鲁奇泡芙（Gougre）属于奶酪泡芙（Cheese Puffs），是法国布根地（Bourgogne）地区的一种餐前开胃点心，名为迷你奶酪泡芙 (Gougère)。它是在泡芙面团中混入奶酪和香草进行烘烤的小泡芙。当地大多用 Gruyere、Comte 或 Emmentaler 等奶酪调和面糊后烘烤，当做餐前或喝葡萄酒时的咸式开胃小食。这种小点心会让人在不知不觉中一口接一口地无法停下来，可见它的美味无法阻挡。

　　形状尺寸上有很多变化，有的小圆泡芙只有 3~4cm，有的环状奶酪泡芙会有 10~12cm。也可以在里面加入馅料，例如加入菇类、牛肉或其他咸味的内馅。

　　在这个配方里，我们需要制作有咸味的泡芙，所以在煮泡芙糊时，加入了盐，并且用水代替牛奶。

材料

水 250mL
盐 3g
无盐黄油 125g
（室温 10 分钟）
低筋面粉 125g
蛋 4 个（240g）
帕马森奶酪 125g

做法

> **混拌面糊**

1. 将盐放入水里，稍稍溶化。
2. 将室温的无盐黄油放入水里煮至完全溶化。
3. 将过筛的面粉分次加入水中，每次加入后都要搅拌到看不见粉末为止。

4. 将黄油和面粉搅拌至锅底产生薄膜后停火。
5. 将面糊倒入另一个容器里稍稍放凉。
6. 将蛋液分次加入放凉的面糊中，每一次都要搅拌均匀，一直到面糊粘住汤匙不会掉下来，呈现倒三角状。
7. 加入刨成丝的奶酪，搅拌均匀。

🍳 烘焙

8. 烤箱预热至 200 ℃。
9. 用两个主餐汤匙将面糊舀至烤盘上，放入烤箱烤 10 分钟。
10. 将烤箱降至 170℃ 继续烤 15 分钟，即可取出放凉。

👩‍🍳 小贴士

- 奶酪可以用 Gruyere、Comte 或 Emmentaler 代替。
- 如果要夹入内馅，要等泡芙变凉后再夹入。

Chapter 5

Biscuit

饼干面团

　　饼干，是泛指水分含量在 5% 以下，由面粉制成，外形扁平的烘焙品。饼干在不同国家的餐饮文化中占很大的分量，每个国家都可以用一种饼干来形容自己的特色！

　　一口小甜饼，囊括了各种甜味的烘焙食品，如千层酥、威化饼、黄油海绵蛋糕、比司吉、蛋白霜和坚果仁糊等。

　　Cookie，这个单词源自中世纪荷兰文"Koekje"，意思是"小蛋糕"。法文的同义词"Petits Fours"，意思是烘焙的小东西；或另一个单词"Sable"，指的是口感沙沙的，易碎易散的食品，也是小饼干的意思。

　　另外，英文称做"Biscuit"的词源意思是烘焙两次，Bis：二次，Cuit：烤；德文的"Klein Geback"也是类似的意思。令人意外的是，有很多饼干名称都是由法国人研发出来的，例如猫舌、俄罗斯雪茄等，命名方式与意式面食很像，例如意大利面里有蝴蝶、小虫等款式。

　　饼干一般香甜、浓郁。由于糖和脂肪的分量多，所以质感很柔软。饼干也有干湿之别，可以是松脆的、酥绵的，也可以是软黏的，这也与材料的比例有很大关系。

　主角材料：油脂

　使用面粉：低筋面粉

♣ 饼干面糊基本的材料与制作过程

黄油＋糖 　　　　　　 液体类 　　　　　　 粉状材料

（黄油法）　　　　　（蛋或水）　　　（加入拌匀即可，　　　冰箱静置 30 分钟
　　　　　　　　　　　　　　　　　　　不可过度搅拌）

压出（切出／挤出）饼干形状 　　　　 烘烤

⏲ 三种饼干面团材料比例

A. 意大利米兰风面团——糖和油脂比例相等的面糊（Mailanderteig〈意〉／
Pate de Milan〈法〉）：烤出柔顺口感的饼干

面粉 　　　　　 糖 　　　　 油脂

 ： ： ＝ 1 ：0.5 ：0.5

B. 沙状面团——油脂比例比糖高的面糊（Sort Bread〈意〉／ Pate Sabae
〈法〉）／ Murbteig〈德〉）：烤出像沙子般易碎的饼干

面粉 　　　　　 糖 　　　　 油脂

 ： ： BUTTER ＝ 1 ：0.33 ：0.66

C. 硬质面团——糖的比例比油脂高的面糊（Sugar Dough〈美〉／ Pate
Surcree〈法〉）／ Zuckerteig〈德〉）：烤出口感较硬的饼干

面粉 　　　　　 糖 　　　　 油脂

 ： ： ＝ 1 ：0.66 ：0.33

三种饼干的定形方式与面团材料比例

定形方式	面团材料比例	揉制过程
模具饼干 （Molded Type）	A	不会太干，也不会太油，面团休息后擀平，用模具压出形状。
冰箱饼干 （Refrigerator Type）	B	油脂较多，面团较软，先用模具塑形，放入冰箱冷冻定形后再切。
挤压饼干 （Bagged out Type）	B	调高油脂和水分的比例，让面糊软一点，通过挤压塑形。

Biscuit

　　当然，在烘焙界也有一种不用细分材料比例的饼干面团（糖∶油脂∶面粉＝1∶2∶3）。按照这个比例做出来的饼干，就是最朴素的黄油酥饼干。黄油是其中最明显的味道，所以使用的黄油品质就格外重要。不管是用有盐或无盐黄油都可以烤出原味饼干，当然你也可以用其他材料来加强香气和口感，例如坚果、果皮、各种甜味材料（巧克力、果酱、果泥）或干燥的水果，都可以为饼干加味。

　　这个比例也有玩味之处，如果在这个比例之下去掉了糖，就变成油糊；如果去掉了面粉，就成为糖霜。

Biscuit

─◎ 配方比例的调整

这款饼干面团，如果想改变味道，可以在原配方中加入香料或坚果，也可以将坚果磨成粉状代替部分的面粉；如果想改变材料，可以将使用的白砂糖用红糖代替或与蜂蜜混合；如果想改变油脂，可以将黄油用蔬菜起酥油或其他动物油脂代替；如果想改变做法，可以将蛋打发后再加入，饼干就会比较膨松。

Biscuit

材料使用秘诀

面粉（Flour）

这里使用的水分比例比面粉高很多（要以面糊为底），会稀释出面筋的蛋白质，使大量淀粉糊化，烤出来就像蛋糕一样柔软。

如果想让需要烘焙的面团经过擀平、切模压出后，能够保持造型，则面粉含量就要高；如果想做出较粗且质地酥脆的饼干，可以用坚果粉取代全部或部分面粉，就像传统的杏仁蛋白饼一样，只含有蛋白、糖和杏仁成分而已。

糖（Sugar）

如果蔗糖比例很高，会促进面团产生硬化作用，饼干烤好放凉后，原本溶化的糖分会凝结，让烤好的柔软饼干变得酥脆。

白砂糖比例较高的面糊，会烤出比较硬的饼干，称为"Pate Sucree"，但其他形式的糖，例如蜂蜜或糖蜜，往往只吸收水分，却不会结晶，饼干冷却后的口感也是湿润而软黏的。

蛋（Egg）

蛋可以提供面团混合时所需的大部分水和蛋白质，帮助面粉黏合，让烘焙时的面团凝结、固化，而且蛋黄中的油脂（即天然乳化剂）不但可以增加营养，也有湿润面团的作用。饼干使用的蛋量越高，质地就会越像蛋糕。

脂肪（Fat）

脂肪能提供浓郁、湿润、柔软的口感。脂肪受热时，可以作为固体面粉颗粒和糖粒之间的润滑剂，让饼干面团更容易延展变薄。

膨胀（Expand）

不论是利用小气泡还是二氧化碳的膨胀作用，饼干都会因此变得更柔软。很多饼干只用气泡膨胀，也就是在脂肪中加入糖后搅打成乳霜状，或通过搅打蛋液生成气泡。有时还可以加入膨松剂帮助烘烤后的饼干膨胀。如果你的配方中含有蜂蜜或红糖等酸性成分，也可以用碱性小苏打来代替。

Biscuit

饼干的储存

饼干材料通常含有高比例的黄油、蛋和糖，所以我们吃到的饼干都稍有甜度和湿度。这种烘焙品通常不能保存很长时间，会在短时间内变软和老化。所以，当你烘烤完饼干并且放凉后，建议放进密封罐内，如果天气太热，可以将饼干放在冰箱里保存。如果饼干变软了，还有一个方法可以补救，就是将饼干放回烤盘上，放入160℃的烤箱烤5分钟，饼干就可以恢复原来的酥脆了。

Lady's Finger
手指饼干

手指饼干（Lady's Finger），意大利文又称为 Savoiardi，外观是轻巧的手指形状，质地干燥酥脆，表面有一层糖粉。意大利当地除了将它当做点心直接食用外，还将手指饼干作为提拉米苏（Tiramisu）的基底。

用来制作手指饼干的材料非常简单，使用白砂糖、蛋、黄油及面粉调制成面糊，挤成长条状烘烤而成，如果利用它海绵般的特性，充分吸收液体，就会产生如海绵蛋糕般绵密柔软的质感，不同的是当你咬下时，在牙齿和舌尖上会有似有若无的砂糖般的脆碎口感。手指饼干吸收液体的速度非常快，如果吸收过多，手指饼干就很容易呈现崩离的状态。

准备

烤箱温度
190℃

烘烤时间
20 分钟

使用模具
平口挤花嘴 1cm
挤花袋

分量
40 个

使用器具
钢盆 2 个
手持电动打蛋器
过筛器
硅胶刮刀
烤盘
硅胶烤垫

 **材料**

蛋 40g
白砂糖 30g
低筋面粉 60g
糖粉 30g（撒在表面用）
无盐黄油 20g（室温）

蛋白霜
蛋白 60g
白砂糖 30g

 做法

1. 将蛋白、蛋黄分开，置于不同的钢盆中。
2. 将 20g 无盐黄油隔水加热，融化成液体油脂。
3. 将面粉过筛，并将烤箱预热至 190℃。
4. 将蛋黄和 30g 白砂糖混合均匀，搅打至颜色泛白。

⌐ **制作蛋白霜**

5. 蛋白中加入一半量（15g）的白砂糖后，用电动打蛋器搅打至湿性发泡。
6. 加入另一半白砂糖（15g），打发成干性发泡的蛋白霜。

混合面糊

7. 舀一勺打发的蛋白霜加入蛋黄糊中，用搅拌器轻轻混拌。

8. 换刮刀用切拌的方式将剩余的蛋白霜混拌至蛋黄中。

9. 倒入已过筛的面粉，用切拌的方式混合均匀。

10. 倒入融化的无盐黄油，快速切拌进去，直到面糊出现光泽。

11. 将面糊放入挤花袋内，装上直径 1cm 的平口挤花嘴。

烘焙

12. 将面糊，均匀地挤在烤盘垫上，每条挤出的宽度及长度要一致。

13. 在面糊上均匀地撒上糖粉。

14. 放入烤箱烤 15 分钟，直到上色为止，烤成外脆内软的手指饼干。

🧑 小贴士

- 手指饼干的长度及宽度可以改变，使用不同尺寸的平口挤花嘴就能挤出不同尺寸的饼干。
- 这款面糊较难控制，所以操作的时候手劲要轻，烤盘需是凉的。

Viennese Biscuits

维也纳饼干

你一定知道这款饼干和它的味道。这款饼干是喜饼盒里的固定角色，地位一直屹立不动！原因无他，这个充满奶香又入口即化的奶酥饼干，是其他饼干类无法取代的。

 准备

烤箱温度
200℃

烘烤时间
20 分钟

使用模具
星状挤花嘴 1cm
挤花袋

分量
30 颗

使用器具
钢盆
过筛器
硅胶刮板
电动搅拌器
烤盘
硅胶烤垫
木匙

 **材料**

无盐黄油 190g
（室温）
白砂糖 90g
蛋 1/2 个
温鲜奶油 45g

香草精 几滴
柠檬皮 1/2 个
盐 1g
低筋面粉 250g
玉米粉 40g

做法

混合成面团

1. 将放到稍软的无盐黄油和白砂糖搅打至泛白。
2. 加入蛋和温鲜奶油一起打匀。
3. 加入所有调味料（香草精、柠檬皮、盐）。
4. 用木匙将过筛的所有干粉混入材料中搅拌均匀。
5. 将面糊放入挤花袋，装上星状挤花嘴，将面糊挤在烤盘垫上。

烘焙

6. 烤箱预热至 200℃，烤 20 分钟，饼干上色即可。

🐧 **小贴士**

这款饼干面糊可以做成 WS、手指或炫风状，形状不同就有不同的故事！也可以在两片饼干中间夹上黄油或果酱进行变化！

Shortbread Cookie

塔皮脆饼

"Short"并不是说这款饼干短，而是用"Shortening（脂肪）"制作出"Short（Crumbly）酥脆"的口感。塔皮脆饼是经典饼干，它被形容为苏格兰烘焙的"皇冠上的宝石"。据说这款脆饼出现于12世纪，16世纪有一位玛丽女王将这种类型的脆饼精细成三角扇形，调和香菜种子一起烘烤，并且命名为"衬裙尾巴"。所以你会发现有很多塔皮脆饼面团先压成圆形，再切成扇形，然后用手指在边缘压出裙子边似的纹理。

 准备

烤箱温度
190℃

烘烤时间
25 分钟

分量
10 片

使用器具
钢盆
过筛器
硅胶刮板
刮刀
保鲜膜
擀面棍
烤盘
硅胶烤垫
刷子
叉子
切割刀

 材料

低筋面粉 225g	白砂糖 75g
香草精 几滴	白砂糖 50g
无盐黄油 150g（室温）	蛋 1 个

 做法

混合成面团

1. 面粉过筛后加入白砂糖。
2. 加入香草精和无盐黄油。

1

2

3. 用刮板将无盐黄油和干粉混合成一个面团。

4. 压成长方形，用保鲜膜包覆起来，放入冷藏室休息 1 小时。

5. 烤箱预热至 190℃。

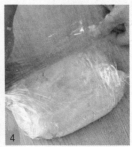

塑形、烘焙

6. 将面团擀成 0.7cm 厚，切成 7cm × 3cm 的长方形。

7. 摆在烤盘垫上，刷蛋液。

8. 撒上白砂糖，然后用叉子在饼干上扎洞。

9. 放入烤箱中烤 25 分钟即可出炉。

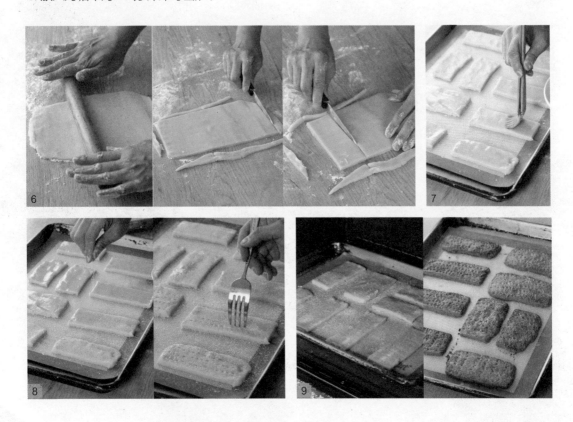

🐌 小贴士

这款饼干之所以要扎洞，是因为饼干比较厚，扎洞后可以帮助散发热气，让饼干烤得更均匀。

Lavach
Flat
Bread

亚美尼亚薄饼

这是亚美尼亚、阿塞拜疆和伊朗最普遍的薄饼，是用面包的做法完成的。当地会搭配肉或蔬菜一起食用，其实薄饼本身也是一个开味菜或小点心！

这个薄饼的配方很简单，做法也很简单，没有用到酵母菌，让揉好的面团自然发酵，再擀成薄皮状烘烤。亚美尼亚当地会将饼贴在烧得很烫的炉壁上，几分钟就可以完成。

准备

烤箱温度
200℃

烘烤时间
12 分钟

分量
4 人份

使用器具
钢盆
过筛器
硅胶刮板
刮刀
保鲜膜
擀面棍
喷水器
烤盘
筛网

材料

中筋面粉 310g
盐 10g
白砂糖 10g
水 80g

蛋 85g
无盐黄油 42.5g
（室温）
白芝麻 10g

做法

混合成面团

1. 烤箱预热至 200℃。

2. 将面粉、盐、白砂糖过筛后，加入蛋、无盐黄油和水。

3. 将面粉糊混合成一个面团，覆盖保鲜膜，让面团在冷藏室休息 1 小时。

擀薄、烘焙

4. 将面团放置在撒了手粉的工作台上，分割成 4 等份。

5. 将小面团擀薄，放置在烤盘垫上。

6. 表面喷水后，均匀地撒上芝麻，再休息 30 分钟。

7. 放入烤箱烤 12 分钟。

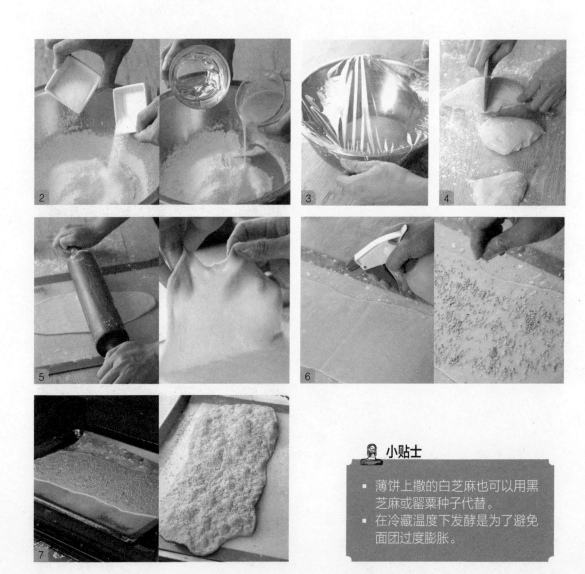

小贴士

- 薄饼上撒的白芝麻也可以用黑芝麻或罂粟种子代替。
- 在冷藏温度下发酵是为了避免面团过度膨胀。

Amaretti

意大利杏仁小饼

这款饼干与马卡龙很像，可以说是马卡龙的表亲，但口感不像马卡龙纤细，而是充满粗犷的感觉，这是意大利 Saronno 小镇的著名小饼干。据说在 18 世纪时，有一对新婚夫妻为了拜访主教，用蛋白、白砂糖和杏仁粉做了这款口味丰富、口感特别的饼干，当做敬献给主教的礼物，主教吃后大喜，并且祝福这对夫妻终生幸福。配方流传到现在已经有很多变化，但是象征幸福的寓意未曾改变。

 准备

烤箱温度
180℃

烘烤时间
20 分钟

使用模具
挤花袋
平口挤花嘴 1cm

分量
40 个

使用器具
钢盆 2 个
手持电动打蛋器
过筛器
硅胶刮刀
烤盘
硅胶烤垫

 **材料**

低筋面粉 1tbsp
玉米粉 1tbsp
肉桂粉 1tsp
白砂糖 160g
柠檬皮 1/4 个
杏仁粉 95g
蛋白 2 个

做法

混拌材料

1. 将面粉、玉米粉、肉桂粉过筛，加入一半量的白砂糖。
2. 加入柠檬皮和杏仁粉，拌匀。
3. 将蛋白轻打起泡，再加入剩余的白砂糖，将蛋白打至干性发泡。
4. 用切拌的方式将打发的蛋白混入干料中。

烘焙

5. 手上抹水，将面糊抓成圆球状，摆在烤盘上。
6. 在室温下放置 1 小时，让面糊自然摊开。
7. 烤箱预热至 180℃。
8. 放入烤箱烤 20 分钟。

🍙 **小贴士**

- 这款饼干放在真空罐里可以保存两天。
- 建议马上吃完，才不会因为吸湿而变软。

Polvorones
西班牙传统烤饼

先将低筋面粉烤成咖啡色，再与黄油等其他材料拌在一起，厚度像是司康一样的点心。传统上这款饼干在是 9 月至 1 月之间制作，更精确地说，是西班牙圣诞节的节庆饼干。以前的人是用猪油、牛油作为油脂，如果吃素就用橄榄油来制作。

如果制作其他甜点时有多余的蛋黄，可以用来做这款饼干。

 准备

 材料

低筋面粉 200g
无盐黄油 120g（室温）
糖粉 80g

蛋黄 1 个
肉桂粉 1tsp（0.5g）
糖粉 适量（装饰用）

烤箱温度
烤面粉 200℃
烤饼干 160℃

烘烤时间
15 分钟

使用模具
4cm 圆形切模

分量
35 个

使用器具
钢盆
过筛器
硅胶刮刀
烤盘
硅胶烤垫
筛网

做法 ▶ ━ **混合成面团**

1. 将面粉放在烤盘中，放入 200℃ 的烤箱烘烤成咖啡色。
2. 将面粉放凉后过筛。
3. 用橡皮刮刀将室温无盐黄油搅打至柔滑细致，加入糖粉，搅拌均匀。
4. 加入蛋黄和肉桂粉，搅拌均匀。
5. 加入过筛的面粉，揉成面团。

━ **塑形、烘焙**

6. 将面团擀成 2cm 厚，用直径 2.5cm 的圆形模具切出形状，排列在烤盘上。
7. 放入预热至 160℃ 的烤箱烤 15 分钟，使饼干表面完全变成淡棕色。
8. 冷却后撒上糖粉作为装饰。

 小贴士

- 用烤箱烤面粉的步骤可以用干炒的方式代替。
- 塑形后切剩出来的面团，可以再集合成一个面团继续使用。
- 这款饼干的制作难度较高，为了做出美丽的裂纹及松脆的口感，要先烘干面粉里的水分，而且不加鸡蛋及鲜奶油等材料。由于湿度很低，糅合后很难搓成粉团，必须用力压实再用压模成形。表面撒的糖粉也不可太厚，否则会让表面潮湿。

Anzac
Biscuits
澳纽军团圆饼

澳纽军团圆饼是一个有历史义意的饼干。第一次世界大战时，一群在家等候丈夫胜利归来的澳大利亚和新西兰妇女，为了帮远方打仗的丈夫制作方便携带、保存较久，同时可以补充热量的干粮，她们将饼干中用到的蛋去除，制成这款特殊的饼干。

这款饼干的命名，有一个很值得玩味之处。在澳大利亚和新西兰，"Anzac"这个词，如果没有经过退伍军人事务部部长允许，是不能随便使用的。受到政府保护的这个词，如果不慎使用会受到法律惩罚。当然，不是按照原始配方做出来的 Anzac Biscuits 当然也不能用这个名字！

 准备

烤箱温度
180℃

烘烤时间
20 分钟

使用模具
无

分量
40 个

使用器具
汤锅
钢盆
过筛器
硅胶刮刀
烤盘
筛网
叉子或汤匙

 材料

低筋面粉 125g

白砂糖 160g

燕麦 100g

椰子粉 90g

无盐黄油 125g（室温）

枫糖浆 90g

热水 20mL

泡打粉 1/2 tsp

小贴士

- 这款面团的做法是将所有的干粉混合后，加入热的液体（煮过的黄金糖浆和无盐黄油＋苏打粉和热水），再混合成面团。
- 如果没有枫糖浆，可以用蜂蜜代替。

做法

混合成面团

1. 将烤箱预热至 180℃。
2. 将干料混合（面粉过筛，加入白砂糖、燕麦和椰子粉）。
3. 将无盐黄油放入锅中，用小火融化黄油，然后加入枫糖浆一起煮。

4. 将泡打粉倒入热水中，搅拌至溶解。
5. 将水倒入无盐黄油水里，搅拌混合。
6. 将液体倒入粉料中，搅拌成面团。

烘焙

7. 用手揉成一个个小圆球，摆在烤盘上。
8. 用叉子或汤匙将圆球稍微压平。
9. 放入烤箱烤 20 分钟。

图书在版编目（CIP）数据

揉面团 / 钟莉婷著. -- 北京：光明日报出版社，
2015.7

ISBN 978-7-5112-8557-7

Ⅰ.①揉… Ⅱ.①钟… Ⅲ.①面食－制作 Ⅳ.
①TS972.116

中国版本图书馆CIP数据核字(2015)第120016号

著作权合同登记号：图字01-2015-3614

中文简体版经远足文化事业股份有限公司(幸福文化)授予北京多采文化有限公司安排授权由光明日报出版社出版。

揉面团

著　　者：钟莉婷

责任编辑：李　娟　　　　　　　策　　划：多采文化
责任校对：杨晓敏　　　　　　　装帧设计：水长流文化
责任印制：曹　净

出 版 方：光明日报出版社
地　　址：北京市东城区珠市口东大街5号，100062
电　　话：010-67022197（咨询）　　传　　真：010-67078227，67078255
网　　址：http://book.gmw.cn
E- mail：gmcbs@gmw.cn　lijuan@gmw.cn
法律顾问：北京德恒律师事务所龚柳方律师

发 行 方：新经典发行有限公司
电　　话：010-62026811　　E-mail：duocaiwenhua2014@163.com

印　　刷：北京艺堂印刷有限公司
本书如有破损、缺页、装订错误，请与本社联系调换

开　　本：787×1080　1/16
字　　数：200千字　　　　　　　印　　张：18.5
版　　次：2015年7月第1版　　　印　　次：2015年7月第1次印刷
书　　号：ISBN 978-7-5112-8557-7

定　　价：88.00元